AF003171

Գործնական աշխատանք

Eureka Math®

2-րդ դասարանի գիտելիքների ստուգման Մոդուլներ 6–8

Great Minds PBC is the creator of Eureka Math®,
Wit & Wisdom®, Alexandria Plan™, and PhD Science™.

Published by Great Minds PBC. greatminds.org

Copyright © 2020 Great Minds PBC. All rights reserved. No part of this work may be reproduced or used in any form or by any means—graphic, electronic, or mechanical, including photocopying or information storage and retrieval systems—without written permission from the copyright holder.

ISBN 978-1-64929-173-8

1 2 3 4 5 6 7 8 9 10 CCD 25 24 23 22 21 20

Printed in the USA

Ուսուցում ♦ Գործնական աշխատանք ♦ Արդյունք

«Eureka Math»-ի® «A Story of Units»® աշակերտների համար նյութերը (K–5) հասանելի են *Ուսուցում, Պրակտիկա, Արդյունք* եռյակում: Այս շարքը նպաստում է, որպեսզի նյութերը լինեն տարաբնույթ և հետաքրքիր՝ միևնույն ժամանակ կանոնակարգված և հասանելի: *Ուսուցիչները կբացահայտեն, որ «Ուսուցում, Պրակտիկա և Արդյունք» շարքն առաջարկում է նաև համապարփակ և, հետևաբար, ավելի արդյունավետ եղանակ՝ Անհատական մոտեցման ցուցաբերման, լրացուցիչ աշխատանքների և ամառային ուսուցման կազմակերպման համար:*

Ուսուցում

«Eureka Math Ուսուցում» բաժինը ծառայում է աշակերտին որպես ուսումնական ուղեցույց, որտեղ նանք ներկայացնում են այն, ինչ մտածում են և գիտեն, և ամեն օր զարգացնում են իրենց գիտելիքները: «Ուսուցում» բաժնում ներառված ամենօրյա դասարանային աշխատանքները՝ գործնական խնդիրները, գնահատման տոմսակները, խնդիրները, ձևանմուշները, ներկայացված են դյուրահաս ձևով և ծավալով:

Պրակտիկա

Յուրաքանչյուր «*Eureka Math*»*-ի դաս* սկսվում է մի շարք ակտիվ, իմացության ստուգման ուրախ վարժություններով՝ այդ թվում *«Eureka Math Պրակտիկա» բաժնում ներառվածները:* Այն աշակերտները, ովքեր ավելի շատ գիտելիքներ ունեն մաթեմատիկայից, կարող են ավելի շատ նյութ յուրացնել առավել խորությամբ: «Փորձ» բաժնում աշակերտները զարգացնում են նոր ձեռք բերված գիտելիքի կիրառման հմտությունները և ամրապնդում են նախորդ դասը՝ նախապատրաստվելով հաջորդին:

«Ուսուցում» և *«Պրակտիկա»* բաժինները միասին աշակերտներին տրամադրում են տպագիր բոլոր նյութերը, որոնք նրանք կօգտագործեն մաթեմատիկայի հիմնական դասընթացի համար:

Արդյունք

Eureka Math-ի «Արդյունք» բաժինը աշակերտներին հնարավորություն է տալիս ինքնուրույն վարպետանալ: Լրացուցիչ խնդիրները համահունչ են դասի նյութին և հարմար են որպես տնային կամ լրացուցիչ աշխատանք հանձնարարելու համար: Խնդիրներն ուղեկցվում են «Տնային աշխատանքի օգնականով», որն իրենից ներկայացնում է խնդիրների լուծման օրինակներ՝ ցույց տալով, թե ինչպես պետք է լուծել նմանատիպ խնդիրները:

Ուսուցիչներն ու դասավանդողները կարող են օգտագործել նախորդ մակարդակների *«Արդյունք» բաժնի* դասագիրքը՝ որպես ուսուցման ծրագրի մաս՝ հիմնարար գիտելիքների բացը լրացնելու համար: Աշակերտներն ավելի արագ կընկալեն ու կյուրացնեն, քանի որ ծանոթ նյութի կրկնությունը դյուրացնում է ընթացիկ մակարդակի բովանդակության կապի ստեղծումը նախորդի հետ:

EUREKA MATH®

Աշակերտներ, ընտանիքներ և դասավանդողներ.

Շնորհակալություն Eureka Math® թիմի անդամ լինելու համար. այստեղ մենք վայելում ենք մաթեմատիկայի պարգևած ուրախությունը, բերկրանքը և սուր զգացմունքները: *Մեր ոգևորությունն ամենացայտուն կերպով երևում է «Eureka Math-ի Պրակտիկա» բաժնում առաջադրված վարժություններում:*

Ի՞նչ է նշանակում սահուն տիրապետել մաթեմատիկային:

Ձեզ կարող է թվալ, թե սահուն տիրապետելը վերաբերում է խոսքի արվեստին, երբ կարողանում են սահուն խոսել և գրել: Մինչև 5-րդ աստիճանը նախադպրոցական տարիքի համար նախատեսված «Eureka Math»-ի ուսուցման ծրագիրն առաջարկում է մաթեմատիկական գիտելիքները զարգացնելու ամենօրյա տարաբնույթ վարժություններ: Յուրաքանչյուր դասընթաց մշակվել է նույն սկզբունքով՝ զարգացնել աշակերտի մաթեմատիկական մտածողությունը: Ուսուցողական վարժությունները, որպես կանոն, արագ և աշխույժ են ընթանում՝ զարգացնելով աշակերտի ճանաչողական հմտությունները՝ դասավանդվող նյութի հիման վրա: Դրանք չեն գնահատվում:

«Eureka Math»-ի ուսուցողական վարժությունները տարաբնույթ առաջադրանքներ են առաջարկում տարբեր ձևաչափերով: Որոշ վարժություններ բանավոր են անցկացվում, որոշները զարգացնում են միտքը, կան այնպիսիք, որ նախատեսված են գրատախտակին գրելու համար, կան թուղթ ու մատիտով գրվող ձեռագիր վարժություններ: «Eureka Math-ի Գործնական աշխատանք» բաժինը յուրաքանչյուր աշակերտի տրամադրում է տպագիր ուսուցողական վարժություններ՝ ըստ դասարանի մակարդակի:

Ի՞նչ է Սպրինտը:

Շատ տպագիր ուսուցողական վարժություններ ունի Սպրինտ ձևաչափը: Այս վարժությունները զարգացնում են աշակերտի ձեռք բերած գիտելիքների կիրառման արագությունն ու ճշգրտությունը: Երբ աշակերտներն արդեն բավականաչափ գիտելիքներ են ձեռք բերում, Սպրինտ վարժությունների օգնությամբ նրանց մոտ զարգանում է իրենց յուրացրածը կիրառելու արագությունը, ինչը հանգեցնում է ադրենալինի բարձրացմանը և հիշողության բարելավմանը: Սպրինտ վարժությունները տարբերվում են իրենց հատուկ կառուցվածքով. խնդիրները կազմված են պարզից բարդ սկզբունքով, որտեղ խնդիրների առաջին քառյակն ամենապարզն է, իսկ յուրաքանչյուր հաջորդ քառյակի բարդության աստիճանն ավելանում է: Խնդիրների հաջորդականության հատուկ կառուցվածքը զարգացնում է աշակերտի մտածելակերպի հմտությունները:

Ըստ Սպրինտ վարժությունների առաջարկվող ձևաչափի՝ աշակերտները պետք է կատարեն նույն յուրացրած նյութի երկու հաջորդական Սպրինտ վարժություններ (որոնք նշված են A և B), որոնց համար տրվում է 1 րոպե ժամանակ: Երկու Սպրինտ վարժությունների միջև ընկած դադարի ժամանակ աշակերտները կրկնում են առաջին Սպրինտ վարժությունների մեջ հանդիպած օրինակները: Դա հաճախ ապահովում է բնական խթան իրենց կատարմանը երկրորդ սպրինտի ընթացքում:

Սպրինտները կարող են անցկացվել նաև անժամանակյա պրոտոկոլով: Անժամանակյա պրոտոկոլը խորհուրդ է տրվում այն ընթացքում, երբ դեռ աշակերտները ձևավորում են վստահություն առաջին 4 խնդիրների բարդության մակարդակում: Սպրինտների լուծման առաջադրանքները մեկ անգամ կատարելով աշակերտները բարելավում են մտածելու արագությունն ու ուշադրությունը ժամանակ տրվող հանձնարարությունների ընթացքում, այդ իսկ պատճառով էլ նման աշխատանքները ողջունվում են և ոգևորություն առաջացնում:

Որտե՞ղ կարելի է գտնել նմանատիպ հմտացնող հանձնարարություններ:

Eureka Math ուսուցման հրատարակությունը ուսուցանողների համար համարվում է վարժեցնող հանձնարարությունների ուղեցույց յուրաքանչյուր դասի համար՝ ներառյալ նաև այն նյութերը, որոնք չեն պահանջում տպագիր նյութեր: Eureka Թվային հավելվածը նույնպես հասանելիություն է ապահովում հմտացնող հանձնարարություններին բոլոր տարիքային մակարդակների համար, որոնք կարելի է որոնել ըստ ստանդարտի կամ դասի:

Լավագույն մաղթանքները ուսումնական տարվա կապակցությամբ, որը հուսով ենք հարուստ կլինի «Էվրիկայի պահերով»:

Ջիլ Դինիզ
Մաթեմատիկայի բաժնի տնօրեն
Great Minds

Բովանդակություն

Մոդուլ 6

Դաս 2. Հիմնական գիտելիքների ստուգման աշխատանքներ A–E 3
Դաս 3: Հանում 20-ի շրջանակներում Սպրինտ 13
Դաս 4: Գումարում տասից անցմամբ Սպրինտ 17
Դաս 7. Գումարներ տասից մինչև քսան թվերի սահմաններում Սպրինտ 21
Դաս 8. Հանում տասից քսան թվերից Սպրինտ 25
Դաս 10: Գումարներ տասից մինչև քսան թվերի սահմաններում Սպրինտ 29
Դաս 11. Հանում տասի անցմամբ Սպրինտ 33
Դաս 12. Հիմնական գիտելիքների ստուգման աշխատանքներ A–E 37
Դաս 14. Հանում տասից քսան թվերից Սպրինտ 47
Դաս 15. Հանում տասից քսան թվերից Սպրինտ 51
Դաս 18. Հանում տասից քսան թվերից Սպրինտ 55
Դաս 19. Գումարներ տասից մինչև քսան թվերի սահմաններում Սպրինտ 59

Մոդուլ 7

Դաս 1. Հիմնական գիտելիքների ստուգման աշխատանքներ A–E 65
Դաս 3. Գումարում և հանում 5-ով Սպրինտ 75
Դաս 4. Բաց թողումով հաշվարկ 5-ով Սպրինտ 79
Դաս 7. Հանում տասի անցմամբ Սպրինտ 83
Դաս 8. Գումարում տասով Սպրինտ 87
Դաս 11. Հանում տասից քսան թվերից Սպրինտ 91
Դաս 12. Գումարում տասով Սպրինտ 95
Դաս 14. Հանման ֆլեշ քարտերի հավաքածու 2 99
Դաս 15. Գումարում և հանում 2-ով Սպրինտ 111
Դաս 16. Գումարում և հանում 3-ով Սպրինտ 115
Դաս 19. Հանման օրինակներ Սպրինտ 119 119
Դաս 20. Հանման օրինակներ Սպրինտ 123
Դաս 23. Գումարում տասով Սպրինտ 127
Դաս 24. Հանման օրինակներ Սպրինտ 131

Մոդուլ 8

Դաս 1. Գումարում տասով Սպրինտ 137

Դաս 2. Կազմեք հարյուր գումարելու համար Սպրինտ 141

Դաս 3. Հիմնական գիտելիքների տարբերակված ստուգման աշխատանքներ A–E 145

Դաս 3. Հարյուրավորների տեղի արժեքի աղյուսակ 155

Դաս 5. Հանման օրինակներ Սպրինտ 157

Դաս 6. Գումարման և հանման օրինակներ Օրինակներ 161

Դաս 9. Հանման օրինակներ Սպրինտ 165

Դաս 10. Գումարման օրինակներ Սպրինտ 169

Դաս 14. Գումարում և հանում 5-ով Սպրինտ 173

Դասարան 2
Մոդուլ 6

Անուն ____________________ Ամսաթիվ ____________

1.	10 + 3 =	21.	7 + 9 =
2.	10 + 6 =	22.	4 + 8 =
3.	10 + 4 =	23.	5 + 9 =
4.	5 + 10 =	24.	8 + 6 =
5.	8 + 10 =	25.	7 + 5 =
6.	10 + 9 =	26.	5 + 8 =
7.	12 + 2 =	27.	8 + 3 =
8.	13 + 4 =	28.	9 + 8 =
9.	16 + 3 =	29.	6 + 5 =
10.	2 + 17 =	30.	7 + 6 =
11.	5 + 14 =	31.	4 + 6 =
12.	7 + 12 =	32.	8 + 7 =
13.	16 + 3 =	33.	7 + 7 =
14.	11 + 5 =	34.	8 + 6 =
15.	9 + 2 =	35.	6 + 9 =
16.	5 + 9 =	36.	8 + 5 =
17.	7 + 9 =	37.	4 + 7 =
18.	9 + 4 =	38.	3 + 9 =
19.	7 + 8 =	39.	6 + 6 =
20.	8 + 8 =	40.	4 + 9 =

EUREKA MATH Դաս 1. Հաշվային առարկաներով կազմեք հավասար խմբեր: 3

Անուն _____   Ամսաթիվ _____

1.	10 + 4 =	21.	4 + 8 =
2.	10 + 9 =	22.	7 + 6 =
3.	5 + 10 =	23.	_____ + 4 = 11
4.	2 + 10 =	24.	_____ + 8 = 13
5.	11 + 4 =	25.	6 + _____ = 14
6.	12 + 5 =	26.	8 + _____ = 15
7.	16 + 2 =	27.	_____ = 9 + 8
8.	13 + _____ = 18	28.	_____ = 4 + 7
9.	11 + _____ = 20	29.	_____ = 7 + 8
10.	14 + 3 =	30.	3 + 9 =
11.	_____ = 3 + 16	31.	6 + 7 =
12.	_____ = 7 + 12	32.	8 + _____ = 13
13.	_____ = 15 + 4	33.	_____ = 7 + 9
14.	9 + 2 =	34.	6 + 5 =
15.	6 + 9 =	35.	_____ = 5 + 7
16.	_____ + 4 = 11	36.	_____ = 8 + 4
17.	_____ + 6 = 13	37.	15 = 8 + _____
18.	_____ + 5 = 12	38.	17 = _____ + 9
19.	8 + 8 =	39.	14 = _____ + 7
20.	6 + 6 =	40.	19 = 8 + _____

Անուն _____   Ամսաթիվ _____

1.	12 − 2 =	21.	16 − 9 =
2.	18 − 8 =	22.	14 − 6 =
3.	19 − 10 =	23.	16 − 8 =
4.	14 − 10 =	24.	15 − 6 =
5.	16 − 6 =	25.	17 − 8 =
6.	11 − 10 =	26.	18 − 9 =
7.	17 − 12 =	27.	15 − 7 =
8.	20 − 10 =	28.	13 − 8 =
9.	13 − 11 =	29.	11 − 3 =
10.	18 − 13 =	30.	12 − 5 =
11.	12 − 3 =	31.	11 − 2 =
12.	11 − 2 =	32.	13 − 6 =
13.	14 − 2 =	33.	16 − 7 =
14.	13 − 4 =	34.	12 − 8 =
15.	11 − 3 =	35.	16 − 13 =
16.	13 − 2 =	36.	15 − 14 =
17.	12 − 4 =	37.	17 − 12 =
18.	14 − 5 =	38.	19 − 16 =
19.	11 − 4 =	39.	18 − 11 =
20.	12 − 5 =	40.	20 − 16 =

Դաս 1.   Հաշվային առարկաներով կազմեք հավասար խմբեր:

Անուն _____   Ամսաթիվ _____

1.	19 – 9 =	21.	16 – 7 =
2.	12 – 10 =	22.	17 – 8 =
3.	18 – 11 =	23.	16 – 7 =
4.	15 – 10 =	24.	14 – 8 =
5.	17 – 12 =	25.	17 – 9 =
6.	16 – 13 =	26.	12 – 9 =
7.	12 – 2 =	27.	16 – 8 =
8.	20 – 10 =	28.	15 – 7 =
9.	14 – 11 =	29.	13 – 8 =
10.	13 – 3 =	30.	14 – 7 =
11.	____ = 11 – 3	31.	13 – 9 =
12.	____ = 14 – 4	32.	15 – 9 =
13.	____ = 13 – 4	33.	14 – 6 =
14.	____ = 11 – 4	34.	____ = 13 – 5
15.	____ = 12 – 3	35.	____ = 15 – 8
16.	____ = 13 – 2	36.	____ = 18 – 9
17.	____ = 11 – 2	37.	____ = 20 – 4
18.	16 – 8 =	38.	____ = 20 – 17
19.	15 – 6 =	39.	____ = 20 – 11
20.	12 – 5 =	40.	____ = 20 – 3

ՄԻԱՎՈՐՆԵՐԻ ՊԱՏՄՈՒԹՅՈՒՆ

Դաս 1 Հիմնական գիտելիքների ստուգման աշխատանքներ E   2•6

Անուն _____   Ամսաթիվ _____

1.	13 + 3 =	21.	11 − 8 =
2.	12 + 8 =	22.	13 − 7 =
3.	16 + 2 =	23.	15 − 8 =
4.	11 + 7 =	24.	12 + 6 =
5.	6 + 9 =	25.	13 + 2 =
6.	7 + 8 =	26.	9 + 11 =
7.	4 + 7 =	27.	6 + 8 =
8.	13 − 5 =	28.	8 + 9 =
9.	16 − 6 =	29.	7 + 5 =
10.	17 − 9 =	30.	13 − 7 =
11.	14 − 6 =	31.	15 − 8 =
12.	18 − 7 =	32.	11 − 9 =
13.	8 + 8 =	33.	12 − 3 =
14.	7 + 6 =	34.	14 − 5 =
15.	4 + 9 =	35.	13 + 6 =
16.	5 + 7 =	36.	8 + 5 =
17.	6 + 5 =	37.	4 + 7 =
18.	13 − 8 =	38.	7 + 8 =
19.	16 − 9 =	39.	4 + 9 =
20.	14 − 8 =	40.	20 − 12 =

Դաս 1.   Հաշվային առարկաներով կազմեք հավասար խմբեր։

ՄԻԱՎՈՐՆԵՐԻ ՊԱՏՄՈՒԹՅՈՒՆ Դաս 3 Սպրինտ 2•6

A

Ճիշտ թիվը. _____

Հանում 20-ի շրջանակում

1.	11 – 10 =
2.	12 – 10 =
3.	13 – 10 =
4.	19 – 10 =
5.	11 – 1 =
6.	12 – 2 =
7.	13 – 3 =
8.	17 – 7 =
9.	11 – 2 =
10.	11 – 3 =
11.	11 – 4 =
12.	11 – 8 =
13.	18 – 8 =
14.	13 – 4 =
15.	13 – 5 =
16.	13 – 6 =
17.	13 – 8 =
18.	16 – 6 =
19.	12 – 3 =
20.	12 – 4 =
21.	12 – 5 =
22.	12 – 9 =

23.	19 – 9 =
24.	15 – 6 =
25.	15 – 7 =
26.	15 – 9 =
27.	20 – 10 =
28.	14 – 5 =
29.	14 – 6 =
30.	14 – 7 =
31.	14 – 9 =
32.	15 – 5 =
33.	17 – 8 =
34.	17 – 9 =
35.	18 – 8 =
36.	16 – 7 =
37.	16 – 8 =
38.	16 – 9 =
39.	17 – 10 =
40.	12 – 8 =
41.	18 – 9 =
42.	11 – 9 =
43.	15 – 8 =
44.	13 – 7 =

Դաս 3. Մաթեմատիկական գծագրերով ներկայացրեք հավասար խմբեր՝ կապելով այն կրկնակի գումարման հետ:

ՄԻԱՎՈՐՆԵՐԻ ՊԱՏՄՈՒԹՅՈՒՆ Դաս 3 Սպրինտ 2•6

B

Ճիշտ թիվը. ________

Հանում 20-ի շրջանակում

Կատարելագործում. ________

1.	11 – 1 =		23.	16 – 6 =	
2.	12 – 2 =		24.	14 – 5 =	
3.	13 – 3 =		25.	14 – 6 =	
4.	18 – 8 =		26.	14 – 7 =	
5.	11 – 10 =		27.	14 – 9 =	
6.	12 – 10 =		28.	20 – 10 =	
7.	13 – 10 =		29.	15 – 6 =	
8.	18 – 10 =		30.	15 – 7 =	
9.	11 – 2 =		31.	15 – 9 =	
10.	11 – 3 =		32.	14 – 4 =	
11.	11 – 4 =		33.	16 – 7 =	
12.	11 – 7 =		34.	16 – 8 =	
13.	19 – 9 =		35.	16 – 9 =	
14.	12 – 3 =		36.	20 – 10 =	
15.	12 – 4 =		37.	17 – 8 =	
16.	12 – 5 =		38.	17 – 9 =	
17.	12 – 8 =		39.	16 – 10 =	
18.	17 – 7 =		40.	18 – 9 =	
19.	13 – 4 =		41.	12 – 9 =	
20.	13 – 5 =		42.	13 – 7 =	
21.	13 – 6 =		43.	11 – 8 =	
22.	13 – 9 =		44.	15 – 8 =	

EUREKA MATH

Դաս 3. Մաթեմատիկական գծագրերով ներկայացրեք հավասար խմբեր՝ կապելով այն կրկնակի գումարման հետ: 15

Copyright © Great Minds PBC

ՄԻԱՎՈՐՆԵՐԻ ՊԱՏՄՈՒԹՅՈՒՆ   Դաս 4 Սպրինտ   2•6

A

Ճիշտ թիվը. _____

Գումարում տասի անցմամբ

1.	9 + 1 =		23.	7 + 3 =	
2.	9 + 2 =		24.	7 + 4 =	
3.	9 + 3 =		25.	7 + 5 =	
4.	9 + 9 =		26.	7 + 9 =	
5.	8 + 2 =		27.	6 + 4 =	
6.	8 + 3 =		28.	6 + 5 =	
7.	8 + 4 =		29.	6 + 6 =	
8.	8 + 9 =		30.	6 + 9 =	
9.	9 + 1 =		31.	5 + 5 =	
10.	9 + 4 =		32.	5 + 6 =	
11.	9 + 5 =		33.	5 + 7 =	
12.	9 + 8 =		34.	5 + 9 =	
13.	8 + 2 =		35.	4 + 6 =	
14.	8 + 5 =		36.	4 + 7 =	
15.	8 + 6 =		37.	4 + 9 =	
16.	8 + 8 =		38.	3 + 7 =	
17.	9 + 1 =		39.	3 + 9 =	
18.	9 + 7 =		40.	5 + 8 =	
19.	8 + 2 =		41.	2 + 8 =	
20.	8 + 7 =		42.	4 + 8 =	
21.	9 + 1 =		43.	1 + 9 =	
22.	9 + 6 =		44.	2 + 9 =	

EUREKA MATH

Դաս 4. Ժապավենաձև դիագրամներով ներկայացրեք հավասար խմբեր՝ կապելով այն կրկնակի գումարման հետ:

Copyright © Great Minds PBC

B

ՄԻԱՎՈՐՆԵՐԻ ՊԱՏՄՈՒԹՅՈՒՆ Դաս 4 Սպրինտ 2•6

Ճիշտ թիվը. _____

Գումարում տասի անցմամբ

Կատարելագործում. _____

1.	8 + 2 =		23.	7 + 3 =	
2.	8 + 3 =		24.	7 + 4 =	
3.	8 + 4 =		25.	7 + 5 =	
4.	8 + 8 =		26.	7 + 8 =	
5.	9 + 1 =		27.	6 + 4 =	
6.	9 + 2 =		28.	6 + 5 =	
7.	9 + 3 =		29.	6 + 6 =	
8.	9 + 8 =		30.	6 + 8 =	
9.	8 + 2 =		31.	5 + 5 =	
10.	8 + 5 =		32.	5 + 6 =	
11.	8 + 6 =		33.	5 + 7 =	
12.	8 + 9 =		34.	5 + 8 =	
13.	9 + 1 =		35.	4 + 6 =	
14.	9 + 4 =		36.	4 + 7 =	
15.	9 + 5 =		37.	4 + 8 =	
16.	9 + 9 =		38.	3 + 7 =	
17.	9 + 1 =		39.	3 + 9 =	
18.	9 + 7 =		40.	5 + 9 =	
19.	8 + 2 =		41.	2 + 8 =	
20.	8 + 7 =		42.	4 + 9 =	
21.	9 + 1 =		43.	1 + 9 =	
22.	9 + 6 =		44.	2 + 9 =	

Դաս 4. Ժապավենաձև դիագրամներով ներկայացրեք հավասար խմբեր՝ կապելով այն կրկնակի գումարման հետ:

EUREKA MATH

Copyright © Great Minds PBC

ՄԻԱՎՈՐՆԵՐԻ ՊԱՏՄՈՒԹՅՈՒՆ   Դաս 7 Սպրինտ 2•6

A

Ճիշտ թիվը. _____

Գումարներ տասից մինչև քսան թվերի սահմաններում

1.	9 + 2 =	
2.	9 + 3 =	
3.	9 + 4 =	
4.	9 + 7 =	
5.	7 + 9 =	
6.	10 + 1 =	
7.	10 + 2 =	
8.	10 + 3 =	
9.	10 + 8 =	
10.	8 + 10 =	
11.	8 + 3 =	
12.	8 + 4 =	
13.	8 + 5 =	
14.	8 + 9 =	
15.	9 + 8 =	
16.	7 + 4 =	
17.	10 + 5 =	
18.	6 + 5 =	
19.	7 + 5 =	
20.	9 + 5 =	
21.	5 + 9 =	
22.	10 + 6 =	

23.	4 + 7 =	
24.	4 + 8 =	
25.	5 + 6 =	
26.	5 + 7 =	
27.	3 + 8 =	
28.	3 + 9 =	
29.	2 + 9 =	
30.	5 + 10 =	
31.	5 + 8 =	
32.	9 + 6 =	
33.	6 + 9 =	
34.	7 + 6 =	
35.	6 + 7 =	
36.	8 + 6 =	
37.	6 + 8 =	
38.	8 + 7 =	
39.	7 + 8 =	
40.	6 + 6 =	
41.	7 + 7 =	
42.	8 + 8 =	
43.	9 + 9 =	
44.	4 + 9 =	

EUREKA MATH

Դաս 7.   Ներկայացրեք շարվածքները և տարբերակեք շարքերն ու սյունակները՝
օգտագործելով մաթեմատիկական գծագրեր։

Copyright © Great Minds PBC

ՄԻԱՎՈՐՆԵՐԻ ՊԱՏՄՈՒԹՅՈՒՆ Դաս 7 Սպրինտ 2•6

B

Ճիշտ թիվը. _____

Գումարներ տասից մինչև քսան թվերի սահմաններում   Կատարելագործում. _____

1.	10 + 1 =		23.	5 + 6 =	
2.	10 + 2 =		24.	5 + 7 =	
3.	10 + 3 =		25.	4 + 7 =	
4.	10 + 9 =		26.	4 + 8 =	
5.	9 + 10 =		27.	4 + 10 =	
6.	9 + 2 =		28.	3 + 8 =	
7.	9 + 3 =		29.	3 + 9 =	
8.	9 + 4 =		30.	2 + 9 =	
9.	9 + 8 =		31.	5 + 8 =	
10.	8 + 9 =		32.	7 + 6 =	
11.	8 + 3 =		33.	6 + 7 =	
12.	8 + 4 =		34.	8 + 6 =	
13.	8 + 5 =		35.	6 + 8 =	
14.	8 + 7 =		36.	9 + 6 =	
15.	7 + 8 =		37.	6 + 9 =	
16.	7 + 4 =		38.	9 + 7 =	
17.	10 + 4 =		39.	7 + 9 =	
18.	6 + 5 =		40.	6 + 6 =	
19.	7 + 5 =		41.	7 + 7 =	
20.	9 + 5 =		42.	8 + 8 =	
21.	5 + 9 =		43.	9 + 9 =	
22.	10 + 8 =		44.	4 + 9 =	

EUREKA MATH Դաս 7. Ներկայացրեք շարվածքները և տարբերակեք շարքերն ու սյունակները՝ օգտագործելով մաթեմատիկական գիտագրեր։

ՄԻԱՎՈՐՆԵՐԻ ՊԱՏՄՈՒԹՅՈՒՆ Դաս 8 Սպրինտ 2•6

A

Ճիշտ թիվը. ________

Հանում տասից քան թվերից

1.	11 – 10 =		23.	19 – 9 =	
2.	12 – 10 =		24.	15 – 6 =	
3.	13 – 10 =		25.	15 – 7 =	
4.	19 – 10 =		26.	15 – 9 =	
5.	11 – 1 =		27.	20 – 10 =	
6.	12 – 2 =		28.	14 – 5 =	
7.	13 – 3 =		29.	14 – 6 =	
8.	17 – 7 =		30.	14 – 7 =	
9.	11 – 2 =		31.	14 – 9 =	
10.	11 – 3 =		32.	15 – 5 =	
11.	11 – 4 =		33.	17 – 8 =	
12.	11 – 8 =		34.	17 – 9 =	
13.	18 – 8 =		35.	18 – 8 =	
14.	13 – 4 =		36.	16 – 7 =	
15.	13 – 5 =		37.	16 – 8 =	
16.	13 – 6 =		38.	16 – 9 =	
17.	13 – 8 =		39.	17 – 10 =	
18.	16 – 6 =		40.	12 – 8 =	
19.	12 – 3 =		41.	18 – 9 =	
20.	12 – 4 =		42.	11 – 9 =	
21.	12 – 5 =		43.	15 – 8 =	
22.	12 – 9 =		44.	13 – 7 =	

EUREKA MATH

Դաս 8. Ստեղծեք շարվածքներ քառակուսի սալիկներով՝ դրանց միջև թողնելով արանքներ: 25

Copyright © Great Minds PBC

ՄԻԱՎՈՐՆԵՐԻ ՊԱՏՄՈՒԹՅՈՒՆ Դաս 8 Սպրինտ 2•6

B

Ճիշտ թիվը. ________

Հանում տասից քան թվերից

Կատարելագործում. ________

1.	11 – 1 =	
2.	12 – 2 =	
3.	13 – 3 =	
4.	18 – 8 =	
5.	11 – 10 =	
6.	12 – 10 =	
7.	13 – 10 =	
8.	18 – 10 =	
9.	11 – 2 =	
10.	11 – 3 =	
11.	11 – 4 =	
12.	11 – 7 =	
13.	19 – 9 =	
14.	12 – 3 =	
15.	12 – 4 =	
16.	12 – 5 =	
17.	12 – 8 =	
18.	17 – 7 =	
19.	13 – 4 =	
20.	13 – 5 =	
21.	13 – 6 =	
22.	13 – 9 =	

23.	16 – 6 =	
24.	14 – 5 =	
25.	14 – 6 =	
26.	14 – 7 =	
27.	14 – 9 =	
28.	20 – 10 =	
29.	15 – 6 =	
30.	15 – 7 =	
31.	15 – 9 =	
32.	14 – 4 =	
33.	16 – 7 =	
34.	16 – 8 =	
35.	16 – 9 =	
36.	20 – 10 =	
37.	17 – 8 =	
38.	17 – 9 =	
39.	16 – 10 =	
40.	18 – 9 =	
41.	12 – 9 =	
42.	13 – 7 =	
43.	11 – 8 =	
44.	15 – 8 =	

EUREKA MATH Դաս 8. Ստեղծեք շարվածքներ քառակուսի սալիկներով՝ դրանց միջև թողնելով արանքներ: 27

ՄԻԱՎՈՐՆԵՐԻ ՊԱՏՄՈՒԹՅՈՒՆ			Դաս 10 Սպրինտ 2•6		

A

Ճիշտ թիվը. _____

Գումարներ տասից մինչև քսան թվերի սահմաններում

1.	9 + 1 =		23.	7 + 3 =	
2.	9 + 2 =		24.	7 + 4 =	
3.	9 + 3 =		25.	7 + 5 =	
4.	9 + 9 =		26.	7 + 9 =	
5.	8 + 2 =		27.	6 + 4 =	
6.	8 + 3 =		28.	6 + 5 =	
7.	8 + 4 =		29.	6 + 6 =	
8.	8 + 9 =		30.	6 + 9 =	
9.	9 + 1 =		31.	5 + 5 =	
10.	9 + 4 =		32.	5 + 6 =	
11.	9 + 5 =		33.	5 + 7 =	
12.	9 + 8 =		34.	5 + 9 =	
13.	8 + 2 =		35.	4 + 6 =	
14.	8 + 5 =		36.	4 + 7 =	
15.	8 + 6 =		37.	4 + 9 =	
16.	8 + 8 =		38.	3 + 7 =	
17.	9 + 1 =		39.	3 + 9 =	
18.	9 + 7 =		40.	5 + 8 =	
19.	8 + 2 =		41.	2 + 8 =	
20.	8 + 7 =		42.	4 + 8 =	
21.	9 + 1 =		43.	1 + 9 =	
22.	9 + 6 =		44.	2 + 9 =	

EUREKA MATH

Դաս 10. Քառակուսի սալիկների օգնությամբ կառուցեք ուղղանկյուն՝ օգտագործելով շարվածքների մոդելները:

B

Ճիշտ թիվը. ________

Գումարներ տասից մինչև քսան թվերի սահմաններում Կատարելագործում. ________

1.	8 + 2 =	
2.	8 + 3 =	
3.	8 + 4 =	
4.	8 + 8 =	
5.	9 + 1 =	
6.	9 + 2 =	
7.	9 + 3 =	
8.	9 + 8 =	
9.	8 + 2 =	
10.	8 + 5 =	
11.	8 + 6 =	
12.	8 + 9 =	
13.	9 + 1 =	
14.	9 + 4 =	
15.	9 + 5 =	
16.	9 + 9 =	
17.	9 + 1 =	
18.	9 + 7 =	
19.	8 + 2 =	
20.	8 + 7 =	
21.	9 + 1 =	
22.	9 + 6 =	

23.	7 + 3 =	
24.	7 + 4 =	
25.	7 + 5 =	
26.	7 + 8 =	
27.	6 + 4 =	
28.	6 + 5 =	
29.	6 + 6 =	
30.	6 + 8 =	
31.	5 + 5 =	
32.	5 + 6 =	
33.	5 + 7 =	
34.	5 + 8 =	
35.	4 + 6 =	
36.	4 + 7 =	
37.	4 + 8 =	
38.	3 + 7 =	
39.	3 + 9 =	
40.	5 + 9 =	
41.	2 + 8 =	
42.	4 + 9 =	
43.	1 + 9 =	
44.	2 + 9 =	

| ՄԻԱՎՈՐՆԵՐԻ ՊԱՏՄՈՒԹՅՈՒՆ | Դաս 11 Սպրինտ | 2•6 |

A

Ճիշտ թիվը. _____

Հանում տասի անցմամբ

1.	10 − 5 =		23.	14 − 6 =	
2.	20 − 5 =		24.	24 − 6 =	
3.	30 − 5 =		25.	34 − 6 =	
4.	10 − 2 =		26.	15 − 7 =	
5.	20 − 2 =		27.	25 − 7 =	
6.	30 − 2 =		28.	35 − 7 =	
7.	11 − 2 =		29.	11 − 4 =	
8.	21 − 2 =		30.	21 − 4 =	
9.	31 − 2 =		31.	31 − 4 =	
10.	10 − 8 =		32.	12 − 6 =	
11.	11 − 8 =		33.	22 − 6 =	
12.	21 − 8 =		34.	32 − 6 =	
13.	31 − 8 =		35.	21 − 6 =	
14.	14 − 5 =		36.	31 − 6 =	
15.	24 − 5 =		37.	12 − 8 =	
16.	34 − 5 =		38.	32 − 8 =	
17.	15 − 6 =		39.	21 − 8 =	
18.	25 − 6 =		40.	31 − 8 =	
19.	35 − 6 =		41.	28 − 9 =	
20.	10 − 7 =		42.	27 − 8 =	
21.	20 − 8 =		43.	38 − 9 =	
22.	30 − 9 =		44.	37 − 8 =	

Դաս 11. Քառակուսի սալիկների օգնությամբ կառուցեք ուղղանկյուն՝ օգտագործելով շարվածքների մոդելները։

B

ՄԻԱՎՈՐՆԵՐԻ ՊԱՏՄՈՒԹՅՈՒՆ Դաս 11 Սպրինտ 2•6

Ճիշտ թիվը. _____

Հանում տասի անցմամբ   Կատարելագործում. _____

1.	10 – 1 =	
2.	20 – 1 =	
3.	30 – 1 =	
4.	10 – 3 =	
5.	20 – 3 =	
6.	30 – 3 =	
7.	12 – 3 =	
8.	22 – 3 =	
9.	32 – 3 =	
10.	10 – 9 =	
11.	11 – 9 =	
12.	21 – 9 =	
13.	31 – 9 =	
14.	13 – 4 =	
15.	23 – 4 =	
16.	33 – 4 =	
17.	16 – 7 =	
18.	26 – 7 =	
19.	36 – 7 =	
20.	10 – 6 =	
21.	20 – 7 =	
22.	30 – 8 =	

23.	13 – 5 =	
24.	23 – 5 =	
25.	33 – 5 =	
26.	16 – 8 =	
27.	26 – 8 =	
28.	36 – 8 =	
29.	12 – 5 =	
30.	22 – 5 =	
31.	32 – 5 =	
32.	11 – 5 =	
33.	21 – 5 =	
34.	31 – 5 =	
35.	12 – 7 =	
36.	22 – 7 =	
37.	11 – 7 =	
38.	31 – 7 =	
39.	22 – 9 =	
40.	32 – 9 =	
41.	38 – 9 =	
42.	37 – 8 =	
43.	28 – 9 =	
44.	27 – 8 =	

Դաս 11. Քառակուսի սալիկների օգնությամբ կառուցեք ուղղանկյուն` օգտագործելով շարվածքների մոդելները:

Անուն _____   Ամսաթիվ _____

1.	10 + 2 =	21.	7 + 9 =
2.	10 + 7 =	22.	5 + 8 =
3.	10 + 5 =	23.	3 + 9 =
4.	4 + 10 =	24.	8 + 6 =
5.	6 + 11 =	25.	7 + 4 =
6.	12 + 2 =	26.	9 + 5 =
7.	14 + 3 =	27.	6 + 6 =
8.	13 + 5 =	28.	8 + 3 =
9.	17 + 2 =	29.	7 + 6 =
10.	12 + 6 =	30.	6 + 9 =
11.	11 + 9 =	31.	8 + 7 =
12.	2 + 16 =	32.	9 + 9 =
13.	15 + 4 =	33.	5 + 7 =
14.	5 + 9 =	34.	8 + 4 =
15.	9 + 2 =	35.	6 + 5 =
16.	4 + 9 =	36.	9 + 7 =
17.	9 + 6 =	37.	6 + 8 =
18.	8 + 9 =	38.	2 + 9 =
19.	7 + 8 =	39.	9 + 8 =
20.	8 + 8 =	40.	7 + 7 =

ՄԻԱՎՈՐՆԵՐԻ ՊԱՏՄՈՒԹՅՈՒՆ   Դաս 12 Հիմնական գիտելիքների ստուգման աշխատանքներ B   2•6

Անուն _____   Ամսաթիվ _____

1.	10 + 6 =	21.	3 + 8 =
2.	10 + 9 =	22.	9 + 4 =
3.	7 + 10 =	23.	____ + 6 = 11
4.	3 + 10 =	24.	____ + 9 = 13
5.	5 + 11 =	25.	8 + ____ = 14
6.	12 + 8 =	26.	7 + ____ = 15
7.	14 + 3 =	27.	____ = 4 + 8
8.	13 + ____ = 19	28.	____ = 8 + 9
9.	15 + ____ = 18	29.	____ = 6 + 4
10.	12 + 5 =	30.	3 + 9 =
11.	____ = 2 + 17	31.	5 + 7 =
12.	____ = 3 + 13	32.	8 + ____ =14
13.	____ = 16 + 2	33.	____ = 5 + 9
14.	9 + 3 =	34.	8 + 8 =
15.	6 + 9 =	35.	____ = 7 + 9
16.	____ + 5 = 14	36.	____ = 8 + 4
17.	____ + 7 = 13	37.	17 = 8 + ____
18.	____ + 8 = 12	38.	19 = ____ + 9
19.	8 + 7 =	39.	12 = ____ + 7
20.	7 + 6 =	40.	15 = 8 + ____

Դաս 12. Մաթեմատիկական գծագրերի օգնությամբ քառակուսի սալիկներով
կազմեք ուղղանկյուն:

Անուն _____   Ամսաթիվ _____

1.	13 – 3 =	21.	16 – 8 =
2.	19 – 9 =	22.	14 – 5 =
3.	15 – 10 =	23.	16 – 7 =
4.	18 – 10 =	24.	15 – 7 =
5.	12 – 2 =	25.	17 – 8 =
6.	11 – 10 =	26.	18 – 9 =
7.	17 – 13 =	27.	15 – 6 =
8.	20 – 10 =	28.	13 – 8 =
9.	14 – 11 =	29.	14 – 6 =
10.	16 – 12 =	30.	12 – 5 =
11.	11 – 3 =	31.	11 – 7 =
12.	13 – 2 =	32.	13 – 8 =
13.	14 – 2 =	33.	16 – 9 =
14.	13 – 4 =	34.	12 – 8 =
15.	12 – 3 =	35.	16 – 12 =
16.	11 – 4 =	36.	18 – 15 =
17.	12 – 5 =	37.	15 – 14 =
18.	14 – 5 =	38.	17 – 11 =
19.	11 – 2 =	39.	19 – 13 =
20.	12 – 4 =	40.	20 – 12 =

ՄԻԱՎՈՐՆԵՐԻ ՊԱՏՄՈՒԹՅՈՒՆ   Դաս 12 Հիմնական գիտելիքների ստուգման աշխատանքներ D   2•6

Անուն _____   Ամսաթիվ _____

1.	17 – 7 =	21.	16 – 7 =
2.	14 – 10 =	22.	17 – 8 =
3.	19 – 11 =	23.	18 – 7 =
4.	16 – 10 =	24.	14 – 6 =
5.	17 – 12 =	25.	17 – 8 =
6.	15 – 13 =	26.	12 – 8 =
7.	12 – 3 =	27.	14 – 7 =
8.	20 – 11 =	28.	15 – 8 =
9.	18 – 11 =	29.	13 – 5 =
10.	13 – 5 =	30.	16 – 8 =
11.	____ = 11 – 2	31.	14 – 9 =
12.	____ = 12 – 4	32.	15 – 6 =
13.	____ = 13 – 5	33.	13 – 6 =
14.	____ = 12 – 3	34.	____ = 13 – 8
15.	____ = 11 – 4	35.	____ = 15 – 7
16.	____ = 13 – 2	36.	____ = 18 – 9
17.	____ = 11 – 3	37.	____ = 20 – 14
18.	17 – 8 =	38.	____ = 20 – 7
19.	14 – 6 =	39.	____ = 20 – 11
20.	16 – 9 =	40.	____ = 20 – 8

EUREKA MATH®   Դաս 12.   Մաթեմատիկական գծագրերի օգնությամբ քառակուսի սալիկներով կազմեք ուղղանկյուն։

Անուն _____   Ամսաթիվ _____

1.	11 + 9 =	21.	13 − 7 =
2.	13 + 5 =	22.	11 − 8 =
3.	14 + 3 =	23.	15 − 6 =
4.	12 + 7 =	24.	12 + 7 =
5.	5 + 9 =	25.	14 + 3 =
6.	8 + 8 =	26.	8 + 12 =
7.	14 − 7 =	27.	5 + 7 =
8.	13 − 5 =	28.	8 + 9 =
9.	16 − 7 =	29.	7 + 5 =
10.	17 − 9 =	30.	13 − 6 =
11.	14 − 6 =	31.	14 − 8 =
12.	18 − 5 =	32.	12 − 9 =
13.	9 + 9 =	33.	11 − 3 =
14.	7 + 6 =	34.	14 − 5 =
15.	3 + 9 =	35.	13 − 8 =
16.	6 + 7 =	36.	8 + 5 =
17.	8 + 5 =	37.	4 + 7 =
18.	13 − 8 =	38.	7 + 8 =
19.	16 − 9 =	39.	4 + 9 =
20.	14 − 8 =	40.	20 − 8 =

ՄԻԱՎՈՐՆԵՐԻ ՊԱՏՄՈՒԹՅՈՒՆ Դաս 14 Սպրինտ 2•6

A

Ճիշտ թիվը. ________

Հանում տասից քան թվերից

1.	11 – 10 =		23.	19 – 9 =	
2.	12 – 10 =		24.	15 – 6 =	
3.	13 – 10 =		25.	15 – 7 =	
4.	19 – 10 =		26.	15 – 9 =	
5.	11 – 1 =		27.	20 – 10 =	
6.	12 – 2 =		28.	14 – 5 =	
7.	13 – 3 =		29.	14 – 6 =	
8.	17 – 7 =		30.	14 – 7 =	
9.	11 – 2 =		31.	14 – 9 =	
10.	11 – 3 =		32.	15 – 5 =	
11.	11 – 4 =		33.	17 – 8 =	
12.	11 – 8 =		34.	17 – 9 =	
13.	18 – 8 =		35.	18 – 8 =	
14.	13 – 4 =		36.	16 – 7 =	
15.	13 – 5 =		37.	16 – 8 =	
16.	13 – 6 =		38.	16 – 9 =	
17.	13 – 8 =		39.	17 – 10 =	
18.	16 – 6 =		40.	12 – 8 =	
19.	12 – 3 =		41.	18 – 9 =	
20.	12 – 4 =		42.	11 – 9 =	
21.	12 – 5 =		43.	15 – 8 =	
22.	12 – 9 =		44.	13 – 7 =	

Դաս 14. Մկրատի օգնությամբ ուղղանկյունը բաժանեք նույն չափսի քառակուսիների և դրանցով կազմեք շարվածքներ։

ՄԻԱՎՈՐՆԵՐԻ ՊԱՏՄՈՒԹՅՈՒՆ Դաս 14 Սպրինտ 2•6

B

Ճիշտ թիվը. ________

Հանում տասից քսան թվերից

Կատարելագործում. ________

1.	11 – 1 =		23.	16 – 6 =	
2.	12 – 2 =		24.	14 – 5 =	
3.	13 – 3 =		25.	14 – 6 =	
4.	18 – 8 =		26.	14 – 7 =	
5.	11 – 10 =		27.	14 – 9 =	
6.	12 – 10 =		28.	20 – 10 =	
7.	13 – 10 =		29.	15 – 6 =	
8.	18 – 10 =		30.	15 – 7 =	
9.	11 – 2 =		31.	15 – 9 =	
10.	11 – 3 =		32.	14 – 4 =	
11.	11 – 4 =		33.	16 – 7 =	
12.	11 – 7 =		34.	16 – 8 =	
13.	19 – 9 =		35.	16 – 9 =	
14.	12 – 3 =		36.	20 – 10 =	
15.	12 – 4 =		37.	17 – 8 =	
16.	12 – 5 =		38.	17 – 9 =	
17.	12 – 8 =		39.	16 – 10 =	
18.	17 – 7 =		40.	18 – 9 =	
19.	13 – 4 =		41.	12 – 9 =	
20.	13 – 5 =		42.	13 – 7 =	
21.	13 – 6 =		43.	11 – 8 =	
22.	13 – 9 =		44.	15 – 8 =	

EUREKA MATH

Դաս 14. Մկրատի օգնությամբ ուղղանկյունը բաժանեք նույն չափի քառակուսիների և դրանցով կազմեք շարվածքներ:

Copyright © Great Minds PBC

ՄԻԱՎՈՐՆԵՐԻ ՊԱՏՄՈՒԹՅՈՒՆ   Դաս 15 Սպրինտ   2•6

A
Ճիշտ թիվը. _____

Հանում տասի անցմամբ

1.	10 – 1 =	
2.	10 – 2 =	
3.	20 – 2 =	
4.	40 – 2 =	
5.	10 – 2 =	
6.	11 – 2 =	
7.	21 – 2 =	
8.	51 – 2 =	
9.	10 – 3 =	
10.	11 – 3 =	
11.	21 – 3 =	
12.	61 – 3 =	
13.	10 – 4 =	
14.	11 – 4 =	
15.	21 – 4 =	
16.	71 – 4 =	
17.	10 – 5 =	
18.	11 – 5 =	
19.	21 – 5 =	
20.	81 – 5 =	
21.	10 – 6 =	
22.	11 – 6 =	

23.	21 – 6 =	
24.	91 – 6 =	
25.	10 – 7 =	
26.	11 – 7 =	
27.	31 – 7 =	
28.	10 – 8 =	
29.	11 – 8 =	
30.	41 – 8 =	
31.	10 – 9 =	
32.	11 – 9 =	
33.	51 – 9 =	
34.	12 – 3 =	
35.	82 – 3 =	
36.	13 – 5 =	
37.	73 – 5 =	
38.	14 – 6 =	
39.	84 – 6 =	
40.	15 – 8 =	
41.	95 – 8 =	
42.	16 – 7 =	
43.	46 – 7 =	
44.	68 – 9 =	

Դաս 15.   Մաթեմատիկական գծագրերի օգնությամբ բաժանեք ուղղանկյունը քառակուսի սալիկների և օգտագործեք կրկնվող գումարում։

B

ՄԻԱՎՈՐՆԵՐԻ ՊԱՏՄՈՒԹՅՈՒՆ   Դաս 15 Սպրինտ   2•6

Ճիշտ թիվը. _____

Հանում տասի անցմամբ

Կատարելագործում. _____

1.	10 – 2 =
2.	20 – 2 =
3.	30 – 2 =
4.	50 – 2 =
5.	10 – 2 =
6.	11 – 2 =
7.	21 – 2 =
8.	61 – 2 =
9.	10 – 3 =
10.	11 – 3 =
11.	21 – 3 =
12.	71 – 3 =
13.	10 – 4 =
14.	11 – 4 =
15.	21 – 4 =
16.	81 – 4 =
17.	10 – 5 =
18.	11 – 5 =
19.	21 – 5 =
20.	91 – 5 =
21.	10 – 6 =
22.	11 – 6 =

23.	21 – 6 =
24.	41 – 6 =
25.	10 – 7 =
26.	11 – 7 =
27.	51 – 7 =
28.	10 – 8 =
29.	11 – 8 =
30.	61 – 8 =
31.	10 – 9 =
32.	11 – 9 =
33.	31 – 9 =
34.	12 – 3 =
35.	92 – 3 =
36.	13 – 5 =
37.	43 – 5 =
38.	14 – 6 =
39.	64 – 6 =
40.	15 – 8 =
41.	85 – 8 =
42.	16 – 7 =
43.	76 – 7 =
44.	58 – 9 =

Դաս 15. Մաթեմատիկական գծագրերի օգնությամբ բաժանեք ուղղանկյունը քառակուսի սալիկների և օգտագործեք կրկնվող գումարում:

ՄԻԱՎՈՐՆԵՐԻ ՊԱՏՄՈՒԹՅՈՒՆ

Դաս 18 Սպրինտ 2•6

A

Ճիշտ թիվը. _____

Հանում տասից քսան թվերից

1.	10 – 3 =		23.	11 – 9 =	
2.	11 – 3 =		24.	12 – 9 =	
3.	12 – 3 =		25.	17 – 9 =	
4.	10 – 2 =		26.	10 – 8 =	
5.	11 – 2 =		27.	11 – 8 =	
6.	10 – 5 =		28.	12 – 8 =	
7.	11 – 5 =		29.	16 – 8 =	
8.	12 – 5 =		30.	10 – 6 =	
9.	14 – 5 =		31.	13 – 6 =	
10.	10 – 4 =		32.	15 – 6 =	
11.	11 – 4 =		33.	10 – 7 =	
12.	12 – 4 =		34.	13 – 7 =	
13.	13 – 4 =		35.	14 – 7 =	
14.	10 – 7 =		36.	16 – 7 =	
15.	11 – 7 =		37.	10 – 8 =	
16.	12 – 7 =		38.	13 – 8 =	
17.	15 – 7 =		39.	14 – 8 =	
18.	10 – 6 =		40.	17 – 8 =	
19.	11 – 6 =		41.	10 – 9 =	
20.	12 – 6 =		42.	13 – 9 =	
21.	14 – 6 =		43.	14 – 9 =	
22.	10 – 9 =		44.	18 – 9 =	

EUREKA MATH

Դաս 18. Զույգերով միավորեք առարկաները և բացթողումներով հաշվեք՝ կենտ թվերին անդրադառնալու համար:

Copyright © Great Minds PBC

B

Ճիշտ թիվը. ________

Հանում տասից քսան թվերից

Կատարելագործում. ________

1.	10 – 2 =	
2.	11 – 2 =	
3.	10 – 4 =	
4.	11 – 4 =	
5.	12 – 4 =	
6.	13 – 4 =	
7.	10 – 3 =	
8.	11 – 3 =	
9.	12 – 3 =	
10.	10 – 6 =	
11.	11 – 6 =	
12.	12 – 6 =	
13.	15 – 6 =	
14.	10 – 5 =	
15.	11 – 5 =	
16.	12 – 5 =	
17.	14 – 5 =	
18.	10 – 8 =	
19.	11 – 8 =	
20.	12 – 8 =	
21.	17 – 8 =	
22.	10 – 7 =	

23.	11 – 7 =	
24.	12 – 7 =	
25.	16 – 7 =	
26.	10 – 9 =	
27.	11 – 9 =	
28.	12 – 9 =	
29.	18 – 9 =	
30.	10 – 5 =	
31.	13 – 5 =	
32.	10 – 6 =	
33.	13 – 6 =	
34.	14 – 6 =	
35.	10 – 7 =	
36.	13 – 7 =	
37.	15 – 7 =	
38.	10 – 8 =	
39.	13 – 8 =	
40.	14 – 8 =	
41.	16 – 8 =	
42.	10 – 9 =	
43.	16 – 9 =	
44.	17 – 9 =	

A

Ճիշտ թիվը. _____

Գումարներ տասից մինչև քսան թվերի սահմաններում

1.	9 + 2 =			23.	4 + 7 =	
2.	9 + 3 =			24.	4 + 8 =	
3.	9 + 4 =			25.	5 + 6 =	
4.	9 + 7 =			26.	5 + 7 =	
5.	7 + 9 =			27.	3 + 8 =	
6.	10 + 1 =			28.	3 + 9 =	
7.	10 + 2 =			29.	2 + 9 =	
8.	10 + 3 =			30.	5 + 10 =	
9.	10 + 8 =			31.	5 + 8 =	
10.	8 + 10 =			32.	9 + 6 =	
11.	8 + 3 =			33.	6 + 9 =	
12.	8 + 4 =			34.	7 + 6 =	
13.	8 + 5 =			35.	6 + 7 =	
14.	8 + 9 =			36.	8 + 6 =	
15.	9 + 8 =			37.	6 + 8 =	
16.	7 + 4 =			38.	8 + 7 =	
17.	10 + 5 =			39.	7 + 8 =	
18.	6 + 5 =			40.	6 + 6 =	
19.	7 + 5 =			41.	7 + 7 =	
20.	9 + 5 =			42.	8 + 8 =	
21.	5 + 9 =			43.	9 + 9 =	
22.	10 + 6 =			44.	4 + 9 =	

Դաս 19. Ուսումնասիրեք զույգ թվերի տրամաբանական շղթան. 0, 2, 4, 6, և 8 մեկերի տեղում և կապեք այն կենտ թվերի հետ:

| ՄԻԱՎՈՐՆԵՐԻ ՊԱՏՄՈՒԹՅՈՒՆ | | | Դաս 19 Սպրինտ | 2•6 |

B

Ճիշտ թիվը. _____

Գումարներ տասից մինչև քսան թվերի սահմաններում   Կատարելագործում. _____

1.	10 + 1 =		23.	5 + 6 =	
2.	10 + 2 =		24.	5 + 7 =	
3.	10 + 3 =		25.	4 + 7 =	
4.	10 + 9 =		26.	4 + 8 =	
5.	9 + 10 =		27.	4 + 10 =	
6.	9 + 2 =		28.	3 + 8 =	
7.	9 + 3 =		29.	3 + 9 =	
8.	9 + 4 =		30.	2 + 9 =	
9.	9 + 8 =		31.	5 + 8 =	
10.	8 + 9 =		32.	7 + 6 =	
11.	8 + 3 =		33.	6 + 7 =	
12.	8 + 4 =		34.	8 + 6 =	
13.	8 + 5 =		35.	6 + 8 =	
14.	8 + 7 =		36.	9 + 6 =	
15.	7 + 8 =		37.	6 + 9 =	
16.	7 + 4 =		38.	9 + 7 =	
17.	10 + 4 =		39.	7 + 9 =	
18.	6 + 5 =		40.	6 + 6 =	
19.	7 + 5 =		41.	7 + 7 =	
20.	9 + 5 =		42.	8 + 8 =	
21.	5 + 9 =		43.	9 + 9 =	
22.	10 + 8 =		44.	4 + 9 =	

EUREKA MATH

Դաս 19.   Ուսումնասիրեք զույգ թվերի տրամաբանական շղթան. 0, 2, 4, 6, և 8 մեկերի տեղում և կապեք այն կենտ թվերի հետ:

Copyright © Great Minds PBC

Դասարան 2
Մոդուլ 7

ՄԻԱՎՈՐՆԵՐԻ ՊԱՏՄՈՒԹՅՈՒՆ Դաս 1 Հիմնական գիտելիքների ստուգման աշխատանքներ A 2•7

Անուն ______________________________ Ամսաթիվ ________________

1.	10 + 2 =	21.	7 + 9 =
2.	10 + 7 =	22.	5 + 8 =
3.	10 + 5 =	23.	3 + 9 =
4.	4 + 10 =	24.	8 + 6 =
5.	6 + 11 =	25.	7 + 4 =
6.	12 + 2 =	26.	9 + 5 =
7.	14 + 3 =	27.	6 + 6 =
8.	13 + 5 =	28.	8 + 3 =
9.	17 + 2 =	29.	7 + 6 =
10.	12 + 6 =	30.	6 + 9 =
11.	11 + 9 =	31.	8 + 7 =
12.	2 + 16 =	32.	9 + 9 =
13.	15 + 4 =	33.	5 + 7 =
14.	5 + 9 =	34.	8 + 4 =
15.	9 + 2 =	35.	6 + 5 =
16.	4 + 9 =	36.	9 + 7 =
17.	9 + 6 =	37.	6 + 8 =
18.	8 + 9 =	38.	2 + 9 =
19.	7 + 8 =	39.	9 + 8 =
20.	8 + 8 =	40.	7 + 7 =

Դաս 1. Դասակարգեք և գրանցեք տվյալները աղյուսակի մեջ՝ օգտագործելով մինչև չորս խումբ; օգտագործեք խմբային հաշվարկ՝ բառային խնդիրները լուծելու համար:

ՄԻԱՎՈՐՆԵՐԻ ՊԱՏՄՈՒԹՅՈՒՆ Դաս 1 Հիմնական գիտելիքների ստուգման աշխատանքներ B 2•7

Անուն ______________________ Ամսաթիվ ____________

1.	10 + 6 =	21.	3 + 8 =
2.	10 + 9 =	22.	9 + 4 =
3.	7 + 10 =	23.	_____ + 6 = 11
4.	3 + 10 =	24.	_____ + 9 = 13
5.	5 + 11 =	25.	8 + _____ = 14
6.	12 + 8 =	26.	7 + _____ = 15
7.	14 + 3 =	27.	_____ = 4 + 8
8.	13 + _____ = 19	28.	_____ = 8 + 9
9.	15 + _____ = 18	29.	_____ = 6 + 4
10.	12 + 5 =	30.	3 + 9 =
11.	_____ = 2 + 17	31.	5 + 7 =
12.	_____ = 3 + 13	32.	8 + _____ = 14
13.	_____ = 16 + 2	33.	_____ = 5 + 9
14.	9 + 3 =	34.	8 + 8 =
15.	6 + 9 =	35.	_____ = 7 + 9
16.	_____ + 5 = 14	36.	_____ = 8 + 4
17.	_____ + 7 = 13	37.	17 = 8 + _____
18.	_____ + 8 = 12	38.	19 = _____ + 9
19.	8 + 7 =	39.	12 = _____ + 7
20.	7 + 6 =	40.	15 = 8 + _____

Դաս 1. Դասակարգեք և գրանցեք տվյալները աղյուսակի մեջ՝ օգտագործելով մինչև չորս խումբ; օգտագործեք խմբային հաշվարկ՝ բառային խնդիրները լուծելու համար: 67

Անուն _____   Ամսաթիվ _____

1.	13 − 3 =	21.	16 − 8 =
2.	19 − 9 =	22.	14 − 5 =
3.	15 − 10 =	23.	16 − 7 =
4.	18 − 10 =	24.	15 − 7 =
5.	12 − 2 =	25.	17 − 8 =
6.	11 − 10 =	26.	18 − 9 =
7.	17 − 13 =	27.	15 − 6 =
8.	20 − 10 =	28.	13 − 8 =
9.	14 − 11 =	29.	14 − 6 =
10.	16 − 12 =	30.	12 − 5 =
11.	11 − 3 =	31.	11 − 7 =
12.	13 − 2 =	32.	13 − 8 =
13.	14 − 2 =	33.	16 − 9 =
14.	13 − 4 =	34.	12 − 8 =
15.	12 − 3 =	35.	16 − 12 =
16.	11 − 4 =	36.	18 − 15 =
17.	12 − 5 =	37.	15 − 14 =
18.	14 − 5 =	38.	17 − 11 =
19.	11 − 2 =	39.	19 − 13 =
20.	12 − 4 =	40.	20 − 12 =

ՄԻԱՎՈՐՆԵՐԻ ՊԱՏՄՈՒԹՅՈՒՆ   Դաս 1 Հիմնական գիտելիքների ստուգման աշխատանքներ D   2•7

Անուն _____   Ամսաթիվ _____

1.	17 – 7 =	21.	16 – 7 =
2.	14 – 10 =	22.	17 – 8 =
3.	19 – 11 =	23.	18 – 7 =
4.	16 – 10 =	24.	14 – 6 =
5.	17 – 12 =	25.	17 – 8 =
6.	15 – 13 =	26.	12 – 8 =
7.	12 – 3 =	27.	14 – 7 =
8.	20 – 11 =	28.	15 – 8 =
9.	18 – 11 =	29.	13 – 5 =
10.	13 – 5 =	30.	16 – 8 =
11.	____ = 11 – 2	31.	14 – 9 =
12.	____ = 12 – 4	32.	15 – 6 =
13.	____ = 13 – 5	33.	13 – 6 =
14.	____ = 12 – 3	34.	____ = 13 – 8
15.	____ = 11 – 4	35.	____ = 15 – 7
16.	____ = 13 – 2	36.	____ = 18 – 9
17.	____ = 11 – 3	37.	____ = 20 – 14
18.	17 – 8 =	38.	____ = 20 – 7
19.	14 – 6 =	39.	____ = 20 – 11
20.	16 – 9 =	40.	____ = 20 – 8

Դաս 1.   Դասակարգեք և գրանցեք տվյալները աղյուսակի մեջ՝ օգտագործելով մինչև չորս խումբ; օգտագործեք խմբային հաշվարկ՝ բառային խնդիրները լուծելու համար:

Անուն _____ Ամսաթիվ _____

1.	11 + 9 =	21.	13 – 7 =
2.	13 + 5 =	22.	11 – 8 =
3.	14 + 3 =	23.	15 – 6 =
4.	12 + 7 =	24.	12 + 7 =
5.	5 + 9 =	25.	14 + 3 =
6.	8 + 8 =	26.	8 + 12 =
7.	14 – 7 =	27.	5 + 7 =
8.	13 – 5 =	28.	8 + 9 =
9.	16 – 7 =	29.	7 + 5 =
10.	17 – 9 =	30.	13 – 6 =
11.	14 – 6 =	31.	14 – 8 =
12.	18 – 5 =	32.	12 – 9 =
13.	9 + 9 =	33.	11 – 3 =
14.	7 + 6 =	34.	14 – 5 =
15.	3 + 9 =	35.	13 – 8 =
16.	6 + 7 =	36.	8 + 5 =
17.	8 + 5 =	37.	4 + 7 =
18.	13 – 8 =	38.	7 + 8 =
19.	16 – 9 =	39.	4 + 9 =
20.	14 – 8 =	40.	20 – 8 =

Դաս 1. Դասակարգեք և գրանցեք տվյալները աղյուսակի մեջ՝ օգտագործելով մինչև չորս խումբ; օգտագործեք խմբային հաշվարկ՝ բառային խնդիրները լուծելու համար:

ՄԻԱՎՈՐՆԵՐԻ ՊԱՏՄՈՒԹՅՈՒՆ Դաս 3 Սպրինտ 2•7

A

Ճիշտ թիվը. ________

Գումարում և հանում 5-ով

1.	0 + 5 =	
2.	5 + 5 =	
3.	10 + 5 =	
4.	15 + 5 =	
5.	20 + 5 =	
6.	25 + 5 =	
7.	30 + 5 =	
8.	35 + 5 =	
9.	40 + 5 =	
10.	45 + 5 =	
11.	50 – 5 =	
12.	45 – 5 =	
13.	40 – 5 =	
14.	35 – 5 =	
15.	30 – 5 =	
16.	25 – 5 =	
17.	20 – 5 =	
18.	15 – 5 =	
19.	10 – 5 =	
20.	5 – 5 =	
21.	5 + 0 =	
22.	5 + 5 =	

23.	10 + 5 =	
24.	15 + 5 =	
25.	20 + 5 =	
26.	25 + 5 =	
27.	30 + 5 =	
28.	35 + 5 =	
29.	40 + 5 =	
30.	45 + 5 =	
31.	0 + 50 =	
32.	50 + 50 =	
33.	50 + 5 =	
34.	55 + 5 =	
35.	60 – 5 =	
36.	55 – 5 =	
37.	60 + 5 =	
38.	65 + 5 =	
39.	70 – 5 =	
40.	65 – 5 =	
41.	100 + 50 =	
42.	150 + 50 =	
43.	200 – 50 =	
44.	150 – 50 =	

Դաս 3. Տվյալները ներկայացնելու համար գծեք և նշեք սյունակային գրաֆիկ; հաշվարկի սանդղակը կապեք թվային գծի հետ:

ՄԻԱՎՈՐՆԵՐԻ ՊԱՏՄՈՒԹՅՈՒՆ   Դաս 3 Սպրինտ 2•7

B

Ճիշտ թիվը. _____

Գումարում և հանում 5-ով

Կատարելագործում. _____

1.	5 + 0 =	
2.	5 + 5 =	
3.	5 + 10 =	
4.	5 + 15 =	
5.	5 + 20 =	
6.	5 + 25 =	
7.	5 + 30 =	
8.	5 + 35 =	
9.	5 + 40 =	
10.	5 + 45 =	
11.	50 − 5 =	
12.	45 − 5 =	
13.	40 − 5 =	
14.	35 − 5 =	
15.	30 − 5 =	
16.	25 − 5 =	
17.	20 − 5 =	
18.	15 − 5 =	
19.	10 − 5 =	
20.	5 − 5 =	
21.	0 + 5 =	
22.	5 + 5 =	

23.	10 + 5 =	
24.	15 + 5 =	
25.	20 + 5 =	
26.	25 + 5 =	
27.	30 + 5 =	
28.	35 + 5 =	
29.	40 + 5 =	
30.	45 + 5 =	
31.	50 + 0 =	
32.	50 + 50 =	
33.	5 + 50 =	
34.	5 + 55 =	
35.	60 − 5 =	
36.	55 − 5 =	
37.	5 + 60 =	
38.	5 + 65 =	
39.	70 − 5 =	
40.	65 − 5 =	
41.	50 + 100 =	
42.	50 + 150 =	
43.	200 − 50 =	
44.	150 − 50 =	

Դաս 3. Տվյալները ներկայացնելու համար գծեք և նշեք սյունակային գրաֆիկ; հաշվարկի սանդղակը կապեք թվային գծի հետ:

ՄԻԱՎՈՐՆԵՐԻ ՊԱՏՄՈՒԹՅՈՒՆ Դաս 4 Սպրինտ 2•7

A

Ճիշտ թիվը. ________

Հաշվում 5-երով:

1.	0, 5, ___		23.	35, ___, 45	
2.	5, 10, ___		24.	15, ___, 25	
3.	10, 15, ___		25.	40, ___, 50	
4.	15, 20, ___		26.	25, ___, 15	
5.	20, 25, ___		27.	50, ___, 40	
6.	25, 30, ___		28.	20, ___, 10	
7.	30, 35, ___		29.	45, ___, 35	
8.	35, 40, ___		30.	15, ___, 5	
9.	40, 45, ___		31.	40, ___, 30	
10.	50, 45, ___		32.	10, ___, 0	
11.	45, 40, ___		33.	35, ___, 25	
12.	40, 35, ___		34.	___, 10, 5	
13.	35, 30, ___		35.	___, 35, 30	
14.	30, 25, ___		36.	___, 15, 10	
15.	25, 20, ___		37.	___, 40, 35	
16.	20, 15, ___		38.	___, 20, 15	
17.	15, 10, ___		39.	___, 45, 40	
18.	0, ___, 10		40.	50, 55, ___	
19.	25, ___, 35		41.	45, 50, ___	
20.	5, ___, 15		42.	65, ___, 55	
21.	30, ___, 40		43.	55, 60, ___	
22.	10, ___, 20		44.	60, 65, ___	

EUREKA MATH

Դաս 4. Ներկայացված տվյալները ցույց տալու համար գծեք սյունակային դիագրամ: 79

Copyright © Great Minds PBC

B

Ճիշտ թիվը. _____

Հաշվում 5-երով:

Կատարելագործում. _____

1.	5, 10, __		23.	15, __, 25	
2.	10, 15, __		24.	35, __, 45	
3.	15, 20, __		25.	30, __, 20	
4.	20, 25, __		26.	25, __, 15	
5.	25, 30, __		27.	50, __, 40	
6.	30, 35, __		28.	20, __, 10	
7.	35, 40, __		29.	45, __, 35	
8.	40, 45, __		30.	15, __, 5	
9.	50, 45, __		31.	35, __, 25	
10.	45, 40, __		32.	10, __, 0	
11.	40, 35, __		33.	35, __, 25	
12.	35, 30, __		34.	__, 15, 10	
13.	30, 25, __		35.	__, 40, 35	
14.	25, 20, __		36.	__, 20, 15	
15.	20, 15, __		37.	__, 45, 40	
16.	15, 10, __		38.	__, 10, 5	
17.	0, __, 10		39.	__, 35, 30	
18.	25, __, 35		40.	45, 50, __	
19.	5, __, 15		41.	50, 55, __	
20.	30, __, 40		42.	55, 60, __	
21.	10, __, 20		43.	65, __, 55	
22.	35, __, 45		44.	__, 60, 55	

ՄԻԱՎՈՐՆԵՐԻ ՊԱՏՄՈՒԹՅՈՒՆ Դաս 7 Սպրինտ 2•7

A

Ճիշտ թիվը. ________

Մինչև տաս թվով հանում

1.	10 – 3 =	
2.	11 – 3 =	
3.	12 – 3 =	
4.	10 – 2 =	
5.	11 – 2 =	
6.	10 – 5 =	
7.	11 – 5 =	
8.	12 – 5 =	
9.	14 – 5 =	
10.	10 – 4 =	
11.	11 – 4 =	
12.	12 – 4 =	
13.	13 – 4 =	
14.	10 – 7 =	
15.	11 – 7 =	
16.	12 – 7 =	
17.	15 – 7 =	
18.	10 – 6 =	
19.	11 – 6 =	
20.	12 – 6 =	
21.	14 – 6 =	
22.	10 – 9 =	

23.	11 – 9 =	
24.	12 – 9 =	
25.	17 – 9 =	
26.	10 – 8 =	
27.	11 – 8 =	
28.	12 – 8 =	
29.	16 – 8 =	
30.	10 – 6 =	
31.	13 – 6 =	
32.	15 – 6 =	
33.	10 – 7 =	
34.	13 – 7 =	
35.	14 – 7 =	
36.	16 – 7 =	
37.	10 – 8 =	
38.	13 – 8 =	
39.	14 – 8 =	
40.	17 – 8 =	
41.	10 – 9 =	
42.	13 – 9 =	
43.	14 – 9 =	
44.	18 – 9 =	

EUREKA MATH

Դաս 7. Լուծեք բառային խնդիրներ՝ օգտագործելով մետաղադրամների խմբաքանակի ընդհանուր արժեքը:

B

ՄԻԱՎՈՐՆԵՐԻ ՊԱՏՄՈՒԹՅՈՒՆ   Դաս 7 Սպրինտ   2•7

Ճիշտ թիվը. _____

Մինչև տաս թվով հանում   Կատարելագործում. _____

1.	10 − 2 =		23.	11 − 7 =	
2.	11 − 2 =		24.	12 − 7 =	
3.	10 − 4 =		25.	16 − 7 =	
4.	11 − 4 =		26.	10 − 9 =	
5.	12 − 4 =		27.	11 − 9 =	
6.	13 − 4 =		28.	12 − 9 =	
7.	10 − 3 =		29.	18 − 9 =	
8.	11 − 3 =		30.	10 − 5 =	
9.	12 − 3 =		31.	13 − 5 =	
10.	10 − 6 =		32.	10 − 6 =	
11.	11 − 6 =		33.	13 − 6 =	
12.	12 − 6 =		34.	14 − 6 =	
13.	15 − 6 =		35.	10 − 7 =	
14.	10 − 5 =		36.	13 − 7 =	
15.	11 − 5 =		37.	15 − 7 =	
16.	12 − 5 =		38.	10 − 8 =	
17.	14 − 5 =		39.	13 − 8 =	
18.	10 − 8 =		40.	14 − 8 =	
19.	11 − 8 =		41.	16 − 8 =	
20.	12 − 8 =		42.	10 − 9 =	
21.	17 − 8 =		43.	16 − 9 =	
22.	10 − 7 =		44.	17 − 9 =	

Դաս 7. Լուծեք բառային խնդիրներ՝ օգտագործելով մեթոդաբանության խմբաքանակի ընդհանուր արժեքը:

A

Ճիշտ թիվը. ________

Մինչև տաս թվով գումարում

1.	9 + 2 =		23.	4 + 7 =	
2.	9 + 3 =		24.	4 + 8 =	
3.	9 + 4 =		25.	5 + 6 =	
4.	9 + 7 =		26.	5 + 7 =	
5.	7 + 9 =		27.	3 + 8 =	
6.	10 + 1 =		28.	3 + 9 =	
7.	10 + 2 =		29.	2 + 9 =	
8.	10 + 3 =		30.	5 + 10 =	
9.	10 + 8 =		31.	5 + 8 =	
10.	8 + 10 =		32.	9 + 6 =	
11.	8 + 3 =		33.	6 + 9 =	
12.	8 + 4 =		34.	7 + 6 =	
13.	8 + 5 =		35.	6 + 7 =	
14.	8 + 9 =		36.	8 + 6 =	
15.	9 + 8 =		37.	6 + 8 =	
16.	7 + 4 =		38.	8 + 7 =	
17.	10 + 5 =		39.	7 + 8 =	
18.	6 + 5 =		40.	6 + 6 =	
19.	7 + 5 =		41.	7 + 7 =	
20.	9 + 5 =		42.	8 + 8 =	
21.	5 + 9 =		43.	9 + 9 =	
22.	10 + 6 =		44.	4 + 9 =	

EUREKA MATH
Դաս 8. Լուծեք բառային խնդիրներ՝ օգտագործելով թղթադրամների խմբաքանակի ընդհանուր արժեքը: 87

Copyright © Great Minds PBC

B

ՄԻԱՎՈՐՆԵՐԻ ՊԱՏՄՈՒԹՅՈՒՆ Դաս 8 Սպրինտ 2•7

Ճիշտ թիվը. _____

Մինչև տաս թվով գումարում

Կատարելագործում. _____

1.	10 + 1 =	
2.	10 + 2 =	
3.	10 + 3 =	
4.	10 + 9 =	
5.	9 + 10 =	
6.	9 + 2 =	
7.	9 + 3 =	
8.	9 + 4 =	
9.	9 + 8 =	
10.	8 + 9 =	
11.	8 + 3 =	
12.	8 + 4 =	
13.	8 + 5 =	
14.	8 + 7 =	
15.	7 + 8 =	
16.	7 + 4 =	
17.	10 + 4 =	
18.	6 + 5 =	
19.	7 + 5 =	
20.	9 + 5 =	
21.	5 + 9 =	
22.	10 + 8 =	

23.	5 + 6 =	
24.	5 + 7 =	
25.	4 + 7 =	
26.	4 + 8 =	
27.	4 + 10 =	
28.	3 + 8 =	
29.	3 + 9 =	
30.	2 + 9 =	
31.	5 + 8 =	
32.	7 + 6 =	
33.	6 + 7 =	
34.	8 + 6 =	
35.	6 + 8 =	
36.	9 + 6 =	
37.	6 + 9 =	
38.	9 + 7 =	
39.	7 + 9 =	
40.	6 + 6 =	
41.	7 + 7 =	
42.	8 + 8 =	
43.	9 + 9 =	
44.	4 + 9 =	

Դաս 8. Լուծեք բառային խնդիրներ՝ օգտագործելով թղթադրամների խմբաքանակի ընդհանուր արժեքը:

| ՄԻԱՎՈՐՆԵՐԻ ՊԱՏՄՈՒԹՅՈՒՆ | | Դաս 11 Սպրինտ | 2•7 |

A

Ճիշտ թիվը. _____

Հանում տասից քսան թվերից

1.	11 – 10 =		23.	19 – 9 =	
2.	12 – 10 =		24.	15 – 6 =	
3.	13 – 10 =		25.	15 – 7 =	
4.	19 – 10 =		26.	15 – 9 =	
5.	11 – 1 =		27.	20 – 10 =	
6.	12 – 2 =		28.	14 – 5 =	
7.	13 – 3 =		29.	14 – 6 =	
8.	17 – 7 =		30.	14 – 7 =	
9.	11 – 2 =		31.	14 – 9 =	
10.	11 – 3 =		32.	15 – 5 =	
11.	11 – 4 =		33.	17 – 8 =	
12.	11 – 8 =		34.	17 – 9 =	
13.	18 – 8 =		35.	18 – 8 =	
14.	13 – 4 =		36.	16 – 7 =	
15.	13 – 5 =		37.	16 – 8 =	
16.	13 – 6 =		38.	16 – 9 =	
17.	13 – 8 =		39.	17 – 10 =	
18.	16 – 6 =		40.	12 – 8 =	
19.	12 – 3 =		41.	18 – 9 =	
20.	12 – 4 =		42.	11 – 9 =	
21.	12 – 5 =		43.	15 – 8 =	
22.	12 – 9 =		44.	13 – 7 =	

EUREKA MATH

Դաս 11. Օգտագործեք տարբեր ռազմավարություններ՝ $1 ստանալու համար կամ $1-ի մանրադրամներ ստանալու համար:

B

Ճիշտ թիվը. ________

Հանում տասից քան թվերից

Կատարելագործում. ________

1.	11 – 1 =	
2.	12 – 2 =	
3.	13 – 3 =	
4.	18 – 8 =	
5.	11 – 10 =	
6.	12 – 10 =	
7.	13 – 10 =	
8.	18 – 10 =	
9.	11 – 2 =	
10.	11 – 3 =	
11.	11 – 4 =	
12.	11 – 7 =	
13.	19 – 9 =	
14.	12 – 3 =	
15.	12 – 4 =	
16.	12 – 5 =	
17.	12 – 8 =	
18.	17 – 7 =	
19.	13 – 4 =	
20.	13 – 5 =	
21.	13 – 6 =	
22.	13 – 9 =	

23.	16 – 6 =	
24.	14 – 5 =	
25.	14 – 6 =	
26.	14 – 7 =	
27.	14 – 9 =	
28.	20 – 10 =	
29.	15 – 6 =	
30.	15 – 7 =	
31.	15 – 9 =	
32.	14 – 4 =	
33.	16 – 7 =	
34.	16 – 8 =	
35.	16 – 9 =	
36.	20 – 10 =	
37.	17 – 8 =	
38.	17 – 9 =	
39.	16 – 10 =	
40.	18 – 9 =	
41.	12 – 9 =	
42.	13 – 7 =	
43.	11 – 8 =	
44.	15 – 8 =	

ՄԻԱՎՈՐՆԵՐԻ ՊԱՏՄՈՒԹՅՈՒՆ Դաս 12 Սպրինտ 2•7

A

Ճիշտ թիվը. ________

Մինչև տաս թվով գումարում

1.	9 + 2 =		23.	4 + 7 =	
2.	9 + 3 =		24.	4 + 8 =	
3.	9 + 4 =		25.	5 + 6 =	
4.	9 + 7 =		26.	5 + 7 =	
5.	7 + 9 =		27.	3 + 8 =	
6.	10 + 1 =		28.	3 + 9 =	
7.	10 + 2 =		29.	2 + 9 =	
8.	10 + 3 =		30.	5 + 10 =	
9.	10 + 8 =		31.	5 + 8 =	
10.	8 + 10 =		32.	9 + 6 =	
11.	8 + 3 =		33.	6 + 9 =	
12.	8 + 4 =		34.	7 + 6 =	
13.	8 + 5 =		35.	6 + 7 =	
14.	8 + 9 =		36.	8 + 6 =	
15.	9 + 8 =		37.	6 + 8 =	
16.	7 + 4 =		38.	8 + 7 =	
17.	10 + 5 =		39.	7 + 8 =	
18.	6 + 5 =		40.	6 + 6 =	
19.	7 + 5 =		41.	7 + 7 =	
20.	9 + 5 =		42.	8 + 8 =	
21.	5 + 9 =		43.	9 + 9 =	
22.	10 + 6 =		44.	4 + 9 =	

| ՄԻԱՎՈՐՆԵՐԻ ՊԱՏՄՈՒԹՅՈՒՆ | | Դաս 12 Սպրինտ 2•7 |

B

Ճիշտ թիվը. _____

Մինչև տաս թվով գումարում

Կատարելագործում. _____

1.	10 + 1 =		23.	5 + 6 =	
2.	10 + 2 =		24.	5 + 7 =	
3.	10 + 3 =		25.	4 + 7 =	
4.	10 + 9 =		26.	4 + 8 =	
5.	9 + 10 =		27.	4 + 10 =	
6.	9 + 2 =		28.	3 + 8 =	
7.	9 + 3 =		29.	3 + 9 =	
8.	9 + 4 =		30.	2 + 9 =	
9.	9 + 8 =		31.	5 + 8 =	
10.	8 + 9 =		32.	7 + 6 =	
11.	8 + 3 =		33.	6 + 7 =	
12.	8 + 4 =		34.	8 + 6 =	
13.	8 + 5 =		35.	6 + 8 =	
14.	8 + 7 =		36.	9 + 6 =	
15.	7 + 8 =		37.	6 + 9 =	
16.	7 + 4 =		38.	9 + 7 =	
17.	10 + 4 =		39.	7 + 9 =	
18.	6 + 5 =		40.	6 + 6 =	
19.	7 + 5 =		41.	7 + 7 =	
20.	9 + 5 =		42.	8 + 8 =	
21.	5 + 9 =		43.	9 + 9 =	
22.	10 + 8 =		44.	4 + 9 =	

Դաս 12. Լուծեք բառային խնդիրները՝ $1-ի մանրադրամ ստանալու տարբեր եղանակներ օգտագործելով:

11 - 1	11 - 2
11 - 3	11 - 4
11 - 5	11 - 6
11 - 7	11 - 8
11 - 9	12 - 3

հանման ֆլեշ քարտերի հավաքածու 2

Դաս 14. Կապեք չափումը ֆիզիկական միավորների հետ՝ չափելու համար օգտագործելով կրկնություն դյույմանոց սալիկներով:

ՄԻԱՎՈՐՆԵՐԻ ՊԱՏՄՈՒԹՅՈՒՆ Դաս 14 Գիտելիքի ստուգման ձևանմուշ 2•7

12 − 4	12 − 5
12 − 6	12 − 7
12 − 8	12 − 9
13 − 4	13 − 5
13 − 6	13 − 7

հանման ֆլեշ քարտերի հավաքածու 2

13 − 8	13 − 9
14 − 5	14 − 6
14 − 7	14 − 8
14 − 9	15 − 6
15 − 7	15 − 8

հանման ֆլեշ քարտերի հավաքածու 2

15 − 9	16 − 7
16 − 8	16 − 9
17 − 8	17 − 9
18 − 9	19 − 11
20 − 19	20 − 1

հանման ֆլեշ քարտերի հավաքածու 2

20 - 18	20 - 2
20 - 17	20 - 3
20 - 16	20 - 4
20 - 15	20 - 5
20 - 14	20 - 6

հանման ֆլեշ քարտերի հավաքածու 2

EUREKA MATH Դաս 14. Կապեք չափումը ֆիզիկական միավորների հետ՝ չափելու համար օգտագործելով կրկնություն դյույմանոց սալիկներով: 107

20 − 13	20 − 7
20 − 12	20 − 8
20 − 11	20 − 9
20 − 10	

հանման ֆլեշ քարտերի հավաքածու 2

ՄԻԱՎՈՐՆԵՐԻ ՊԱՏՄՈՒԹՅՈՒՆ Դաս 15 Սպրինտ 2•7

A

Ճիշտ թիվը. ________

Գումարում և հանում 2-ով

1.	0 + 2 =		23.	2 + 4 =	
2.	2 + 2 =		24.	2 + 6 =	
3.	4 + 2 =		25.	2 + 8 =	
4.	6 + 2 =		26.	2 + 10 =	
5.	8 + 2 =		27.	2 + 12 =	
6.	10 + 2 =		28.	2 + 14 =	
7.	12 + 2 =		29.	2 + 16 =	
8.	14 + 2 =		30.	2 + 18 =	
9.	16 + 2 =		31.	0 + 22 =	
10.	18 + 2 =		32.	22 + 22 =	
11.	20 – 2 =		33.	44 + 22 =	
12.	18 – 2 =		34.	66 + 22 =	
13.	16 – 2 =		35.	88 – 22 =	
14.	14 – 2 =		36.	66 – 22 =	
15.	12 – 2 =		37.	44 – 22 =	
16.	10 – 2 =		38.	22 – 22 =	
17.	8 – 2 =		39.	22 + 0 =	
18.	6 – 2 =		40.	22 + 22 =	
19.	4 – 2 =		41.	22 + 44 =	
20.	2 – 2 =		42.	66 + 22 =	
21.	2 + 0 =		43.	888 – 222 =	
22.	2 + 2 =		44.	666 – 222 =	

EUREKA MATH
Դաս 15. Կիրառեք հայեցակարգեր՝ դյույմանոց քանոն ստեղծելու համար; չափեք երկարությունները՝ օգտագործելով դյույմանոց քանոններ:

Copyright © Great Minds PBC

B

ՄԻԱՎՈՐՆԵՐԻ ՊԱՏՄՈՒԹՅՈՒՆ — Դաս 15 Սպրինտ 2•7

Ճիշտ թիվը. _____

Գումարում և հանում 2-ով

Կատարելագործում. _____

1.	2 + 0 =	
2.	2 + 2 =	
3.	2 + 4 =	
4.	2 + 6 =	
5.	2 + 8 =	
6.	2 + 10 =	
7.	2 + 12 =	
8.	2 + 14 =	
9.	2 + 16 =	
10.	2 + 18 =	
11.	20 − 2 =	
12.	18 − 2 =	
13.	16 − 2 =	
14.	14 − 2 =	
15.	12 − 2 =	
16.	10 − 2 =	
17.	8 − 2 =	
18.	6 − 2 =	
19.	4 − 2 =	
20.	2 − 2 =	
21.	0 + 2 =	
22.	2 + 2 =	

23.	4 + 2 =	
24.	6 + 2 =	
25.	8 + 2 =	
26.	10 + 2 =	
27.	12 + 2 =	
28.	14 + 2 =	
29.	16 + 2 =	
30.	18 + 2 =	
31.	0 + 22 =	
32.	22 + 22 =	
33.	22 + 44 =	
34.	66 + 22 =	
35.	88 − 22 =	
36.	66 − 22 =	
37.	44 − 22 =	
38.	22 − 22 =	
39.	22 + 0 =	
40.	22 + 22 =	
41.	22 + 44 =	
42.	66 + 22 =	
43.	666 − 222 =	
44.	888 − 222 =	

A

Ճիշտ թիվը. ________

Գումարում և հանում 3-ով

1.	0 + 3 =			23.	6 + 3 =	
2.	3 + 3 =			24.	9 + 3 =	
3.	6 + 3 =			25.	12 + 3 =	
4.	9 + 3 =			26.	15 + 3 =	
5.	12 + 3 =			27.	18 + 3 =	
6.	15 + 3 =			28.	21 + 3 =	
7.	18 + 3 =			29.	24 + 3 =	
8.	21 + 3 =			30.	27 + 3 =	
9.	24 + 3 =			31.	0 + 33 =	
10.	27 + 3 =			32.	33 + 33 =	
11.	30 – 3 =			33.	66 + 33 =	
12.	27 – 3 =			34.	33 + 66 =	
13.	24 – 3 =			35.	99 – 33 =	
14.	21 – 3 =			36.	66 – 33 =	
15.	18 – 3 =			37.	999 – 333 =	
16.	15 – 3 =			38.	33 – 33 =	
17.	12 – 3 =			39.	33 + 0 =	
18.	9 – 3 =			40.	30 + 3 =	
19.	6 – 3 =			41.	33 + 3 =	
20.	3 – 3 =			42.	36 + 3 =	
21.	3 + 0 =			43.	63 + 33 =	
22.	3 + 3 =			44.	63 + 36 =	

Դաս 16. Չափեք տարբեր առարկաներ՝ օգտագործելով դյույմանոց քանոններ և չափաձողեր:

ՄԻԱՎՈՐՆԵՐԻ ՊԱՏՄՈՒԹՅՈՒՆ Դաս 16 Սպրինտ 2•7

B

Ճիշտ թիվը. ________

Գումարում և հանում 3-ով

Կատարելագործում. ________

1.	3 + 0 =	
2.	3 + 3 =	
3.	3 + 6 =	
4.	3 + 9 =	
5.	3 + 12 =	
6.	3 + 15 =	
7.	3 + 18 =	
8.	3 + 21 =	
9.	3 + 24 =	
10.	3 + 27 =	
11.	30 – 3 =	
12.	27 – 3 =	
13.	24 – 3 =	
14.	21 – 3 =	
15.	18 – 3 =	
16.	15 – 3 =	
17.	12 – 3 =	
18.	9 – 3 =	
19.	6 – 3 =	
20.	3 – 3 =	
21.	0 + 3 =	
22.	3 + 3 =	

23.	6 + 3 =	
24.	9 + 3 =	
25.	12 + 3 =	
26.	15 + 3 =	
27.	18 + 3 =	
28.	21 + 3 =	
29.	24 + 3 =	
30.	27 + 3 =	
31.	0 + 33 =	
32.	33 + 33 =	
33.	33 + 66 =	
34.	66 + 33 =	
35.	99 – 33 =	
36.	66 – 33 =	
37.	999 – 333 =	
38.	33 – 33 =	
39.	33 + 0 =	
40.	30 + 3 =	
41.	33 + 3 =	
42.	36 + 3 =	
43.	36 + 33 =	
44.	36 + 63 =	

Դաս 16. Չափեք տարբեր առարկաներ՝ օգտագործելով դյույմանոց քանոններ և չափաձողեր:

| ՄԻԱՎՈՐՆԵՐԻ ՊԱՏՄՈՒԹՅՈՒՆ | | Դաս 19 Սպրինտ | 2•7 |

A

Ճիշտ թիվը. _____

Հանման օրինակներ

1.	10 – 1 =		23.	21 – 6 =	
2.	10 – 2 =		24.	91 – 6 =	
3.	20 – 2 =		25.	10 – 7 =	
4.	40 – 2 =		26.	11 – 7 =	
5.	10 – 2 =		27.	31 – 7 =	
6.	11 – 2 =		28.	10 – 8 =	
7.	21 – 2 =		29.	11 – 8 =	
8.	51 – 2 =		30.	41 – 8 =	
9.	10 – 3 =		31.	10 – 9 =	
10.	11 – 3 =		32.	11 – 9 =	
11.	21 – 3 =		33.	51 – 9 =	
12.	61 – 3 =		34.	12 – 3 =	
13.	10 – 4 =		35.	82 – 3 =	
14.	11 – 4 =		36.	13 – 5 =	
15.	21 – 4 =		37.	73 – 5 =	
16.	71 – 4 =		38.	14 – 6 =	
17.	10 – 5 =		39.	84 – 6 =	
18.	11 – 5 =		40.	15 – 8 =	
19.	21 – 5 =		41.	95 – 8 =	
20.	81 – 5 =		42.	16 – 7 =	
21.	10 – 6 =		43.	46 – 7 =	
22.	11 – 6 =		44.	68 – 9 =	

EUREKA MATH

Դաս 19. Չափեք՝ համեմատելու երկարությունների տարբերությունները՝ օգտագործելով դյույմ, ֆուտ և յարդ:

Copyright © Great Minds PBC

B

Ճիշտ թիվը. _____

Հանման օրինակներ

Կատարելագործում. _____

1.	10 – 2 =	
2.	20 – 2 =	
3.	30 – 2 =	
4.	50 – 2 =	
5.	10 – 2 =	
6.	11 – 2 =	
7.	21 – 2 =	
8.	61 – 2 =	
9.	10 – 3 =	
10.	11 – 3 =	
11.	21 – 3 =	
12.	71 – 3 =	
13.	10 – 4 =	
14.	11 – 4 =	
15.	21 – 4 =	
16.	81 – 4 =	
17.	10 – 5 =	
18.	11 – 5 =	
19.	21 – 5 =	
20.	91 – 5 =	
21.	10 – 6 =	
22.	11 – 6 =	

23.	21 – 6 =	
24.	41 – 6 =	
25.	10 – 7 =	
26.	11 – 7 =	
27.	51 – 7 =	
28.	10 – 8 =	
29.	11 – 8 =	
30.	61 – 8 =	
31.	10 – 9 =	
32.	11 – 9 =	
33.	31 – 9 =	
34.	12 – 3 =	
35.	92 – 3 =	
36.	13 – 5 =	
37.	43 – 5 =	
38.	14 – 6 =	
39.	64 – 6 =	
40.	15 – 8 =	
41.	85 – 8 =	
42.	16 – 7 =	
43.	76 – 7 =	
44.	58 – 9 =	

ՄԻԱՎՈՐՆԵՐԻ ՊԱՏՄՈՒԹՅՈՒՆ   Դաս 20 Սպրինտ   2•7

A

Ճիշտ թիվը. _____

Հանման օրինակներ

1.	8 – 1 =		23.	41 – 20 =	
2.	18 – 1 =		24.	46 – 20 =	
3.	8 – 2 =		25.	7 – 5 =	
4.	18 – 2 =		26.	70 – 50 =	
5.	8 – 5 =		27.	71 – 50 =	
6.	18 – 5 =		28.	78 – 50 =	
7.	28 – 5 =		29.	80 – 40 =	
8.	58 – 5 =		30.	84 – 40 =	
9.	58 – 7 =		31.	90 – 60 =	
10.	10 – 2 =		32.	97 – 60 =	
11.	11 – 2 =		33.	70 – 40 =	
12.	21 – 2 =		34.	72 – 40 =	
13.	61 – 2 =		35.	56 – 4 =	
14.	61 – 3 =		36.	52 – 4 =	
15.	61 – 5 =		37.	50 – 4 =	
16.	10 – 5 =		38.	60 – 30 =	
17.	20 – 5 =		39.	90 – 70 =	
18.	30 – 5 =		40.	80 – 60 =	
19.	70 – 5 =		41.	96 – 40 =	
20.	72 – 5 =		42.	63 – 40 =	
21.	4 – 2 =		43.	79 – 30 =	
22.	40 – 20 =		44.	76 – 9 =	

Դաս 20. Լուծեք երկնիշ թվերով գումարման և հանման բառային խնդիրներ՝ օգտագործելով ժապավենաձև գրաֆիկ և գրելով հավասարումներ՝ խնդիրը ներկայացնելու համար:

ՄԻԱՎՈՐՆԵՐԻ ՊԱՏՄՈՒԹՅՈՒՆ Դաս 20 Սպրինտ 2•7

B

Ճիշտ թիվը. ________

Հանման օրինակներ

Կատարելագործում. ________

1.	7 – 1 =	
2.	17 – 1 =	
3.	7 – 2 =	
4.	17 – 2 =	
5.	7 – 5 =	
6.	17 – 5 =	
7.	27 – 5 =	
8.	57 – 5 =	
9.	57 – 6 =	
10.	10 – 5 =	
11.	11 – 5 =	
12.	21 – 5 =	
13.	61 – 5 =	
14.	61 – 4 =	
15.	61 – 2 =	
16.	10 – 2 =	
17.	20 – 2 =	
18.	30 – 2 =	
19.	70 – 2 =	
20.	71 – 2 =	
21.	5 – 2 =	
22.	50 – 20 =	

23.	51 – 20 =	
24.	56 – 20 =	
25.	8 – 5 =	
26.	80 – 50 =	
27.	81 – 50 =	
28.	87 – 50 =	
29.	60 – 30 =	
30.	64 – 30 =	
31.	80 – 60 =	
32.	85 – 60 =	
33.	70 – 30 =	
34.	72 – 30 =	
35.	76 – 4 =	
36.	72 – 4 =	
37.	70 – 4 =	
38.	80 – 40 =	
39.	90 – 60 =	
40.	60 – 40 =	
41.	93 – 40 =	
42.	67 – 40 =	
43.	78 – 30 =	
44.	56 – 9 =	

ՄԻԱՎՈՐՆԵՐԻ ՊԱՏՄՈՒԹՅՈՒՆ Դաս 23 Սպրինտ

A

Ճիշտ թիվը. _____

Մինչև տաս թվերով գումարում

1.	9 + 2 =		23.	4 + 7 =	
2.	9 + 3 =		24.	4 + 8 =	
3.	9 + 4 =		25.	5 + 6 =	
4.	9 + 7 =		26.	5 + 7 =	
5.	7 + 9 =		27.	3 + 8 =	
6.	10 + 1 =		28.	3 + 9 =	
7.	10 + 2 =		29.	2 + 9 =	
8.	10 + 3 =		30.	5 + 10 =	
9.	10 + 8 =		31.	5 + 8 =	
10.	8 + 10 =		32.	9 + 6 =	
11.	8 + 3 =		33.	6 + 9 =	
12.	8 + 4 =		34.	7 + 6 =	
13.	8 + 5 =		35.	6 + 7 =	
14.	8 + 9 =		36.	8 + 6 =	
15.	9 + 8 =		37.	6 + 8 =	
16.	7 + 4 =		38.	8 + 7 =	
17.	10 + 5 =		39.	7 + 8 =	
18.	6 + 5 =		40.	6 + 6 =	
19.	7 + 5 =		41.	7 + 7 =	
20.	9 + 5 =		42.	8 + 8 =	
21.	5 + 9 =		43.	9 + 9 =	
22.	10 + 6 =		44.	4 + 9 =	

Դաս 23. Հավաքեք և գրանցեք չափման տվյալները աղյուսակի մեջ; պատասխանեք հարցերին և ամփոփեք տվյալների շարքը։

ՄԻԱՎՈՐՆԵՐԻ ՊԱՏՄՈՒԹՅՈՒՆ Դաս 23 Սպրինտ 2•7

B

Ճիշտ թիվը. ________

Մինչև տաս թվերով գումարում

Կատարելագործում. ________

1.	10 + 1 =		23.	5 + 6 =	
2.	10 + 2 =		24.	5 + 7 =	
3.	10 + 3 =		25.	4 + 7 =	
4.	10 + 9 =		26.	4 + 8 =	
5.	9 + 10 =		27.	4 + 10 =	
6.	9 + 2 =		28.	3 + 8 =	
7.	9 + 3 =		29.	3 + 9 =	
8.	9 + 4 =		30.	2 + 9 =	
9.	9 + 8 =		31.	5 + 8 =	
10.	8 + 9 =		32.	7 + 6 =	
11.	8 + 3 =		33.	6 + 7 =	
12.	8 + 4 =		34.	8 + 6 =	
13.	8 + 5 =		35.	6 + 8 =	
14.	8 + 7 =		36.	9 + 6 =	
15.	7 + 8 =		37.	6 + 9 =	
16.	7 + 4 =		38.	9 + 7 =	
17.	10 + 4 =		39.	7 + 9 =	
18.	6 + 5 =		40.	6 + 6 =	
19.	7 + 5 =		41.	7 + 7 =	
20.	9 + 5 =		42.	8 + 8 =	
21.	5 + 9 =		43.	9 + 9 =	
22.	10 + 8 =		44.	4 + 9 =	

Դաս 23. Հավաքեք և գրանցեք չափման տվյալները աղյուսակի մեջ; պատասխանեք հարցերին և ամփոփեք տվյալների շարքը:

ՄԻԱՎՈՐՆԵՐԻ ՊԱՏՄՈՒԹՅՈՒՆ

Դաս 24 Սպրինտ 2•7

A

Ճիշտ թիվը. ________

Հանման օրինակներ

1.	3 – 1 =		23.	8 – 7 =	
2.	13 – 1 =		24.	18 – 7 =	
3.	23 – 1 =		25.	58 – 7 =	
4.	53 – 1 =		26.	62 – 2 =	
5.	4 – 2 =		27.	9 – 8 =	
6.	14 – 2 =		28.	19 – 8 =	
7.	24 – 2 =		29.	29 – 8 =	
8.	64 – 2 =		30.	69 – 8 =	
9.	4 – 3 =		31.	7 – 3 =	
10.	14 – 3 =		32.	17 – 3 =	
11.	24 – 3 =		33.	77 – 3 =	
12.	74 – 3 =		34.	59 – 9 =	
13.	6 – 4 =		35.	9 – 7 =	
14.	16 – 4 =		36.	19 – 7 =	
15.	26 – 4 =		37.	89 – 7 =	
16.	96 – 4 =		38.	99 – 5 =	
17.	7 – 5 =		39.	78 – 6 =	
18.	17 – 5 =		40.	58 – 5 =	
19.	27 – 5 =		41.	39 – 7 =	
20.	47 – 5 =		42.	28 – 6 =	
21.	43 – 3 =		43.	49 – 4 =	
22.	87 – 7 =		44.	67 – 4 =	

EUREKA MATH

Դաս 24. Չափման տվյալները ներկայացնելու համար նկարեք գծային հարթություն; կապեք չափման սանդղակը թվային գծի հետ:

Copyright © Great Minds PBC

| ՄԻԱՎՈՐՆԵՐԻ ՊԱՏՄՈՒԹՅՈՒՆ | | Դաս 24 Սպրինտ | 2•7 |

B

Ճիշտ թիվը. _____

Հանման օրինակներ

Կատարելագործում. _____

1.	2 – 1 =			23.	8 – 7 =	
2.	12 – 1 =			24.	18 – 7 =	
3.	22 – 1 =			25.	68 – 7 =	
4.	52 – 1 =			26.	32 – 2 =	
5.	5 – 2 =			27.	9 – 8 =	
6.	15 – 2 =			28.	19 – 8 =	
7.	25 – 2 =			29.	29 – 8 =	
8.	65 – 2 =			30.	79 – 8 =	
9.	4 – 3 =			31.	8 – 4 =	
10.	14 – 3 =			32.	18 – 4 =	
11.	24 – 3 =			33.	78 – 4 =	
12.	84 – 3 =			34.	89 – 9 =	
13.	7 – 4 =			35.	9 – 7 =	
14.	17 – 4 =			36.	19 – 7 =	
15.	27 – 4 =			37.	79 – 7 =	
16.	97 – 4 =			38.	89 – 5 =	
17.	6 – 5 =			39.	68 – 6 =	
18.	16 – 5 =			40.	48 – 5 =	
19.	26 – 5 =			41.	29 – 7 =	
20.	46 – 5 =			42.	38 – 6 =	
21.	23 – 3 =			43.	59 – 4 =	
22.	67 – 7 =			44.	77 – 4 =	

EUREKA MATH

Դաս 24. Չափման տվյալները ներկայացնելու համար նկարեք գծային հարթություն; կապեք չափման սանդղակը թվային գծի հետ:

Copyright © Great Minds PBC

Դասարան 2
Մոդուլ 8

A

Ճիշտ թիվը. ________

Գումարում տասով

1.	8 + 1 =	
2.	18 + 1 =	
3.	28 + 1 =	
4.	58 + 1 =	
5.	7 + 2 =	
6.	17 + 2 =	
7.	27 + 2 =	
8.	57 + 2 =	
9.	6 + 3 =	
10.	36 + 3 =	
11.	5 + 4 =	
12.	45 + 4 =	
13.	30 + 9 =	
14.	9 + 2 =	
15.	39 + 2 =	
16.	50 + 8 =	
17.	8 + 4 =	
18.	58 + 4 =	
19.	50 + 20 =	
20.	54 + 20 =	
21.	70 + 20 =	
22.	76 + 20 =	

23.	50 + 30 =	
24.	58 + 30 =	
25.	9 + 3 =	
26.	90 + 30 =	
27.	97 + 30 =	
28.	8 + 4 =	
29.	80 + 40 =	
30.	83 + 40 =	
31.	83 + 4 =	
32.	7 + 6 =	
33.	70 + 60 =	
34.	74 + 60 =	
35.	74 + 5 =	
36.	73 + 6 =	
37.	58 + 7 =	
38.	76 + 5 =	
39.	30 + 40 =	
40.	20 + 70 =	
41.	80 + 70 =	
42.	34 + 40 =	
43.	23 + 50 =	
44.	97 + 60 =	

ՄԻԱՎՈՐՆԵՐԻ ՊԱՏՄՈՒԹՅՈՒՆ Դաս 1 Սպրինտ 2•8

B

Ճիշտ թիվը. ________

Գումարում տասով

Կատարելագործում. ________

1.	7 + 1 =		23.	50 + 30 =	
2.	17 + 1 =		24.	57 + 30 =	
3.	27 + 1 =		25.	8 + 3 =	
4.	47 + 1 =		26.	80 + 30 =	
5.	6 + 2 =		27.	87 + 30 =	
6.	16 + 2 =		28.	9 + 4 =	
7.	26 + 2 =		29.	90 + 40 =	
8.	46 + 2 =		30.	93 + 40 =	
9.	5 + 3 =		31.	93 + 4 =	
10.	75 + 3 =		32.	8 + 6 =	
11.	5 + 4 =		33.	80 + 60 =	
12.	75 + 4 =		34.	84 + 60 =	
13.	40 + 9 =		35.	84 + 5 =	
14.	9 + 2 =		36.	83 + 6 =	
15.	49 + 2 =		37.	68 + 7 =	
16.	60 + 8 =		38.	86 + 5 =	
17.	8 + 4 =		39.	20 + 30 =	
18.	68 + 4 =		40.	30 + 60 =	
19.	50 + 20 =		41.	90 + 70 =	
20.	56 + 20 =		42.	36 + 40 =	
21.	70 + 20 =		43.	27 + 50 =	
22.	74 + 20 =		44.	94 + 70 =	

Դաս 1. Նկարագրեք երկչափ պատկերներ՝ հիմնվելով դրանց հատկանիշների վրա:

A

Ճիշտ թիվը. ________

Կազմեք հարյուր գումարելու համար

1.	98 + 3 =	
2.	98 + 4 =	
3.	98 + 5 =	
4.	98 + 8 =	
5.	98 + 6 =	
6.	98 + 9 =	
7.	98 + 7 =	
8.	99 + 2 =	
9.	99 + 3 =	
10.	99 + 4 =	
11.	99 + 9 =	
12.	99 + 6 =	
13.	99 + 8 =	
14.	99 + 5 =	
15.	99 + 7 =	
16.	98 + 13 =	
17.	98 + 24 =	
18.	98 + 35 =	
19.	98 + 46 =	
20.	98 + 57 =	
21.	98 + 68 =	
22.	98 + 79 =	

23.	99 + 12 =	
24.	99 + 23 =	
25.	99 + 34 =	
26.	99 + 45 =	
27.	99 + 56 =	
28.	99 + 67 =	
29.	99 + 78 =	
30.	35 + 99 =	
31.	45 + 98 =	
32.	46 + 99 =	
33.	56 + 98 =	
34.	67 + 99 =	
35.	77 + 98 =	
36.	68 + 99 =	
37.	78 + 98 =	
38.	99 + 95 =	
39.	93 + 99 =	
40.	99 + 95 =	
41.	94 + 99 =	
42.	98 + 96 =	
43.	94 + 98 =	
44.	98 + 88 =	

Դաս 2. Կառուցեք, որոշեք և վերլուծեք երկչափ պատկերներ նշված հատկանիշներով: 141

B

Ճիշտ թիվը. ________

Կազմեք հարյուր գումարելու համար

Կատարելագործում. ________

1.	99 + 2 =		23.	98 + 13 =	
2.	99 + 3 =		24.	98 + 24 =	
3.	99 + 4 =		25.	98 + 35 =	
4.	99 + 8 =		26.	98 + 46 =	
5.	99 + 6 =		27.	98 + 57 =	
6.	99 + 9 =		28.	98 + 68 =	
7.	99 + 5 =		29.	98 + 79 =	
8.	99 + 7 =		30.	25 + 99 =	
9.	98 + 3 =		31.	35 + 98 =	
10.	98 + 4 =		32.	36 + 99 =	
11.	98 + 5 =		33.	46 + 98 =	
12.	98 + 9 =		34.	57 + 99 =	
13.	98 + 7 =		35.	67 + 98 =	
14.	98 + 8 =		36.	78 + 99 =	
15.	98 + 6 =		37.	88 + 98 =	
16.	99 + 12 =		38.	99 + 93 =	
17.	99 + 23 =		39.	95 + 99 =	
18.	99 + 34 =		40.	99 + 97 =	
19.	99 + 45 =		41.	92 + 99 =	
20.	99 + 56 =		42.	98 + 94 =	
21.	99 + 67 =		43.	96 + 98 =	
22.	99 + 78 =		44.	98 + 86 =	

EUREKA MATH

Դաս 2. Կառուցեք, որոշեք և վերլուծեք երկչափ պատկերներ նշված հատկանիշներով:

ՄԻԱՎՈՐՆԵՐԻ ՊԱՏՄՈՒԹՅՈՒՆ   Դաս 3 Հիմնական գիտելիքների ստուգման աշխատանքներ A   2•8

Անուն _____   Ամսաթիվ _____

1.	10 + 9 =	21.	3 + 9 =
2.	10 + 1 =	22.	4 + 8 =
3.	11 + 2 =	23.	5 + 9 =
4.	13 + 6 =	24.	8 + 8 =
5.	15 + 5 =	25.	7 + 5 =
6.	14 + 3 =	26.	5 + 8 =
7.	13 + 5 =	27.	8 + 3 =
8.	12 + 4 =	28.	6 + 8 =
9.	16 + 2 =	29.	4 + 6 =
10.	18 + 1 =	30.	7 + 6 =
11.	11 + 7 =	31.	7 + 4 =
12.	13 + 4 =	32.	7 + 9 =
13.	14 + 5 =	33.	7 + 7 =
14.	9 + 4 =	34.	8 + 6 =
15.	9 + 2 =	35.	6 + 9 =
16.	9 + 9 =	36.	8 + 5 =
17.	6 + 9 =	37.	4 + 7 =
18.	8 + 9 =	38.	3 + 9 =
19.	7 + 8 =	39.	8 + 6 =
20.	8 + 8 =	40.	9 + 4 =

Դաս 3. Օգտագործեք հատկանիշները՝ տարբեր բազմանկյուններ այդ թվում եռանկյուններ, քառանկյուններ, հնգանկյուններ և վեցանկյուններ գծելու համար:

Անուն _____ Ամսաթիվ _____

1.	10 + 8 =	21.	5 + 8 =
2.	4 + 10 =	22.	6 + 7 =
3.	9 + 10 =	23.	____ + 4 = 12
4.	11 + 5 =	24.	____ + 7 = 13
5.	13 + 3 =	25.	6 + ____ = 14
6.	12 + 4 =	26.	7 + ____ = 15
7.	16 + 3 =	27.	____ = 9 + 8
8.	15 + ____ = 19	28.	____ = 7 + 5
9.	18 + ____ = 20	29.	____ = 4 + 8
10.	13 + 5 =	30.	3 + 9 =
11.	____ = 4 + 16	31.	6 + 7 =
12.	____ = 6 + 12	32.	8 + ____ = 13
13.	____ = 14 + 6	33.	____ = 7 + 9
14.	9 + 3 =	34.	6 + 6 =
15.	7 + 9 =	35.	____ = 7 + 5
16.	____ + 4 = 11	36.	____ = 4 + 8
17.	____ + 6 = 13	37.	20 = 13 + ____
18.	____ + 5 = 12	38.	18 = ____ + 9
19.	____ + 8 = 14	39.	16 = ____ + 7
20.	____ + 9 = 15	40.	20 = 9 + ____

Անուն _____ Ամսաթիվ _____

1.	19 – 9 =	21.	15 – 7 =
2.	19 – 11 =	22.	18 – 9 =
3.	17 – 10 =	23.	16 – 8 =
4.	12 – 2 =	24.	15 – 6 =
5.	15 – 12 =	25.	17 – 8 =
6.	18 – 10 =	26.	14 – 6 =
7.	17 – 5 =	27.	16 – 9 =
8.	20 – 9 =	28.	13 – 8 =
9.	14 – 4 =	29.	12 – 5 =
10.	16 – 13 =	30.	19 – 8 =
11.	11 – 2 =	31.	17 – 9 =
12.	12 – 3 =	32.	16 – 7 =
13.	14 – 2 =	33.	14 – 8 =
14.	13 – 4 =	34.	15 – 9 =
15.	11 – 3 =	35.	13 – 7 =
16.	12 – 4 =	36.	12 – 8 =
17.	13 – 2 =	37.	15 – 8 =
18.	14 – 5 =	38.	14 – 9 =
19.	11 – 4 =	39.	12 – 7 =
20.	12 – 5 =	40.	11 – 9 =

Անուն _____   Ամսաթիվ _____

1.	12 – 3 =	21.	13 – 7 =
2.	13 – 5 =	22.	15 – 9 =
3.	11 – 2 =	23.	18 – 7 =
4.	12 – 5 =	24.	14 – 7 =
5.	13 – 4 =	25.	17 – 9 =
6.	13 – 2 =	26.	12 – 9 =
7.	11 – 4 =	27.	13 – 6 =
8.	12 – 6 =	28.	15 – 7 =
9.	11 – 3 =	29.	16 – 8 =
10.	13 – 6 =	30.	12 – 6 =
11.	____ = 11 – 9	31.	____ = 13 – 9
12.	____ = 13 – 8	32.	____ = 17 – 8
13.	____ = 12 – 7	33.	____ = 14 – 9
14.	____ = 11 – 6	34.	____ = 13 – 5
15.	____ = 13 – 9	35.	____ = 15 – 8
16.	____ = 14 – 8	36.	____ = 18 – 9
17.	____ = 11 – 7	37.	____ = 16 – 7
18.	____ = 15 – 6	38.	____ = 20 – 12
19.	____ = 16 – 9	39.	____ = 20 – 6
20.	____ = 12 – 8	40.	____ = 20 – 17

ՄԻԱՎՈՐՆԵՐԻ ՊԱՏՄՈՒԹՅՈՒՆ　Դաս 3 Հիմնական գիտելիքների ստուգման աշխատանքներ E　2•8

Անուն _____　Ամսաթիվ _____

1.	13 – 4 =	21.	8 + 4 =
2.	15 – 8 =	22.	6 + 7 =
3.	19 – 5 =	23.	9 + 9 =
4.	11 – 7 =	24.	12 – 6 =
5.	9 + 6 =	25.	16 – 7 =
6.	7 + 8 =	26.	13 – 5 =
7.	4 + 7 =	27.	11 – 8 =
8.	13 + 6 =	28.	7 + 9 =
9.	12 – 8 =	29.	5 + 7 =
10.	17 – 9 =	30.	8 + 7 =
11.	14 – 6 =	31.	9 + 8 =
12.	16 – 7 =	32.	11 + 9 =
13.	6 + 8 =	33.	12 – 3 =
14.	7 + 6 =	34.	14 – 5 =
15.	4 + 9 =	35.	20 – 13 =
16.	5 + 7 =	36.	8 – 5 =
17.	9 – 5 =	37.	7 + 4 =
18.	13 – 7 =	38.	13 + 5 =
19.	16 – 9 =	39.	7 + 9 =
20.	14 – 8 =	40.	8 + 11 =

Դաս 3.　Օգտագործեք հատկանիշները՝ տարբեր բազմանկյուններ՝ այդ թվում եռանկյուններ, քառանկյուններ, հնգանկյուններ և վեցանկյուններ գծելու համար:

հարյուրներ	տասներ	մեկեր

Աշխատատեղ.

հարյուրների տեղի արժեքների աղյուսակ

Դաս 3. Օգտագործեք հատկանիշները՝ տարբեր բազմանկյուններ՝ այդ թվում եռանկյուններ, քառանկյուններ, հնգանկյուններ և վեցանկյուններ գծելու համար:

A

Ճիշտ թիվը. ________

Հանման օրինակներ

1.	8 – 1 =	
2.	18 – 1 =	
3.	8 – 2 =	
4.	18 – 2 =	
5.	8 – 5 =	
6.	18 – 5 =	
7.	28 – 5 =	
8.	58 – 5 =	
9.	58 – 7 =	
10.	10 – 2 =	
11.	11 – 2 =	
12.	21 – 2 =	
13.	61 – 2 =	
14.	61 – 3 =	
15.	61 – 5 =	
16.	10 – 5 =	
17.	20 – 5 =	
18.	30 – 5 =	
19.	70 – 5 =	
20.	72 – 5 =	
21.	4 – 2 =	
22.	40 – 20 =	

23.	41 – 20 =	
24.	46 – 20 =	
25.	7 – 5 =	
26.	70 – 50 =	
27.	71 – 50 =	
28.	78 – 50 =	
29.	80 – 40 =	
30.	84 – 40 =	
31.	90 – 60 =	
32.	97 – 60 =	
33.	70 – 40 =	
34.	72 – 40 =	
35.	56 – 4 =	
36.	52 – 4 =	
37.	50 – 4 =	
38.	60 – 30 =	
39.	90 – 70 =	
40.	80 – 60 =	
41.	96 – 40 =	
42.	63 – 40 =	
43.	79 – 30 =	
44.	76 – 9 =	

ՄԻԱՎՈՐՆԵՐԻ ՊԱՏՄՈՒԹՅՈՒՆ — Դաս 5 Սպրինտ 2•8

B

Ճիշտ թիվը. _____

Հանման օրինակներ

Կատարելագործում. _____

1.	7 – 1 =		23.	51 – 20 =	
2.	17 – 1 =		24.	56 – 20 =	
3.	7 – 2 =		25.	8 – 5 =	
4.	17 – 2 =		26.	80 – 50 =	
5.	7 – 5 =		27.	81 – 50 =	
6.	17 – 5 =		28.	87 – 50 =	
7.	27 – 5 =		29.	60 – 30 =	
8.	57 – 5 =		30.	64 – 30 =	
9.	57 – 6 =		31.	80 – 60 =	
10.	10 – 5 =		32.	85 – 60 =	
11.	11 – 5 =		33.	70 – 30 =	
12.	21 – 5 =		34.	72 – 30 =	
13.	61 – 5 =		35.	76 – 4 =	
14.	61 – 4 =		36.	72 – 4 =	
15.	61 – 2 =		37.	70 – 4 =	
16.	10 – 2 =		38.	80 – 40 =	
17.	20 – 2 =		39.	90 – 60 =	
18.	30 – 2 =		40.	60 – 40 =	
19.	70 – 2 =		41.	93 – 40 =	
20.	71 – 2 =		42.	67 – 40 =	
21.	5 – 2 =		43.	78 – 30 =	
22.	50 – 20 =		44.	56 – 9 =	

Դաս 5. Կապեք քառակուսին խորանարդի հետ և նկարագրեք խորանարդը՝ հիմնվելով նրա հատկանիշների վրա:

A

Ճիշտ թիվը. ______

Գումարման և հանման օրինակներ

1.	8 + 3 =	
2.	11 – 3 =	
3.	9 + 2 =	
4.	11 – 2 =	
5.	6 + 5 =	
6.	11 – 6 =	
7.	7 + 4 =	
8.	11 – 7 =	
9.	8 + 4 =	
10.	12 – 4 =	
11.	9 + 3 =	
12.	12 – 3 =	
13.	7 + 5 =	
14.	12 – 7 =	
15.	6 + 6 =	
16.	12 – 6 =	
17.	8 + 6 =	
18.	14 – 8 =	
19.	9 + 4 =	
20.	13 – 9 =	
21.	8 + 7 =	
22.	15 – 8 =	

23.	8 + 8 =	
24.	16 – 8 =	
25.	9 + 6 =	
26.	15 – 9 =	
27.	9 + 9 =	
28.	18 – 9 =	
29.	7 + 7 =	
30.	14 – 7 =	
31.	8 + 9 =	
32.	17 – 8 =	
33.	7 + 9 =	
34.	16 – 7 =	
35.	19 – 6 =	
36.	6 + 7 =	
37.	17 – 6 =	
38.	11 – 7 =	
39.	7 + 6 =	
40.	13 – 7 =	
41.	19 – 7 =	
42.	3 + 8 =	
43.	5 + 8 =	
44.	18 – 5 =	

B

Ճիշտ թիվը. ________

Գումարման և հանման օրինակներ

Կատարելագործում. ________

1.	9 + 2 =	
2.	11 – 2 =	
3.	8 + 3 =	
4.	11 – 3 =	
5.	7 + 4 =	
6.	11 – 7 =	
7.	6 + 5 =	
8.	11 – 6 =	
9.	9 + 3 =	
10.	12 – 3 =	
11.	8 + 4 =	
12.	12 – 4 =	
13.	7 + 5 =	
14.	12 – 5 =	
15.	6 + 6 =	
16.	12 – 6 =	
17.	9 + 4 =	
18.	13 – 4 =	
19.	8 + 6 =	
20.	14 – 8 =	
21.	7 + 8 =	
22.	15 – 7 =	

23.	9 + 6 =	
24.	15 – 9 =	
25.	8 + 8 =	
26.	16 – 8 =	
27.	7 + 7 =	
28.	14 – 7 =	
29.	9 + 9 =	
30.	18 – 9 =	
31.	7 + 9 =	
32.	16 – 9 =	
33.	8 + 9 =	
34.	17 – 9 =	
35.	19 – 7 =	
36.	5 + 8 =	
37.	18 – 5 =	
38.	13 – 8 =	
39.	6 + 7 =	
40.	13 – 6 =	
41.	19 – 6 =	
42.	3 + 9 =	
43.	6 + 9 =	
44.	18 – 6 =	

A

Ճիշտ թիվը. _____

Հանման օրինակներ

1.	5 – 1 =		23.	10 – 2 =	
2.	15 – 1 =		24.	11 – 2 =	
3.	25 – 1 =		25.	21 – 2 =	
4.	75 – 1 =		26.	31 – 2 =	
5.	5 – 2 =		27.	51 – 2 =	
6.	15 – 2 =		28.	51 – 12 =	
7.	25 – 2 =		29.	10 – 5 =	
8.	75 – 2 =		30.	11 – 5 =	
9.	4 – 1 =		31.	12 – 5 =	
10.	40 – 10 =		32.	22 – 5 =	
11.	43 – 10 =		33.	32 – 5 =	
12.	43 – 20 =		34.	62 – 5 =	
13.	43 – 21 =		35.	62 – 15 =	
14.	43 – 23 =		36.	72 – 15 =	
15.	12 – 2 =		37.	82 – 15 =	
16.	62 – 2 =		38.	32 – 15 =	
17.	62 – 12 =		39.	10 – 9 =	
18.	18 – 8 =		40.	11 – 9 =	
19.	78 – 8 =		41.	51 – 9 =	
20.	78 – 18 =		42.	51 – 10 =	
21.	41 – 11 =		43.	51 – 19 =	
22.	92 – 12 =		44.	65 – 46 =	

Դաս 9. Շրջանակները և ուղղանկյունները բաժանեք հավասար մասերի և այդ մասերը նկարագրեք որպես կեսեր, մեկ երրորդներ և մեկ քառորդներ։

B

Ճիշտ թիվը. ________

Հանման օրինակներ

Կատարելագործում. ________

1.	4 – 1 =	
2.	14 – 1 =	
3.	24 – 1 =	
4.	74 – 1 =	
5.	5 – 3 =	
6.	15 – 3 =	
7.	25 – 3 =	
8.	75 – 3 =	
9.	3 – 1 =	
10.	30 – 10 =	
11.	32 – 10 =	
12.	32 – 20 =	
13.	32 – 21 =	
14.	32 – 22 =	
15.	15 – 5 =	
16.	65 – 5 =	
17.	65 – 15 =	
18.	16 – 6 =	
19.	76 – 6 =	
20.	76 – 16 =	
21.	51 – 11 =	
22.	82 – 12 =	

23.	10 – 5 =	
24.	11 – 5 =	
25.	21 – 5 =	
26.	31 – 5 =	
27.	51 – 5 =	
28.	51 – 15 =	
29.	10 – 9 =	
30.	11 – 9 =	
31.	12 – 9 =	
32.	22 – 9 =	
33.	32 – 9 =	
34.	62 – 9 =	
35.	62 – 19 =	
36.	72 – 19 =	
37.	82 – 19 =	
38.	32 – 19 =	
39.	10 – 2 =	
40.	11 – 2 =	
41.	51 – 2 =	
42.	51 – 10 =	
43.	51 – 12 =	
44.	95 – 76 =	

A

Ճիշտ թիվը. _____

Գումարման օրինակներ

1.	8 + 2 =		23.	18 + 6 =	
2.	18 + 2 =		24.	28 + 6 =	
3.	38 + 2 =		25.	16 + 8 =	
4.	7 + 3 =		26.	26 + 8 =	
5.	17 + 3 =		27.	18 + 7 =	
6.	37 + 3 =		28.	18 + 8 =	
7.	8 + 3 =		29.	28 + 7 =	
8.	18 + 3 =		30.	28 + 8 =	
9.	28 + 3 =		31.	15 + 9 =	
10.	6 + 5 =		32.	16 + 9 =	
11.	16 + 5 =		33.	25 + 9 =	
12.	26 + 5 =		34.	26 + 9 =	
13.	18 + 4 =		35.	14 + 7 =	
14.	28 + 4 =		36.	16 + 6 =	
15.	16 + 6 =		37.	15 + 8 =	
16.	26 + 6 =		38.	23 + 8 =	
17.	18 + 5 =		39.	25 + 7 =	
18.	28 + 5 =		40.	15 + 7 =	
19.	16 + 7 =		41.	24 + 7 =	
20.	26 + 7 =		42.	14 + 9 =	
21.	19 + 2 =		43.	19 + 8 =	
22.	17 + 4 =		44.	28 + 9 =	

B

Դաս 10 Սպրինտ 2•8

ՄԻԱՎՈՐՆԵՐԻ ՊԱՏՄՈՒԹՅՈՒՆ

Ճիշտ թիվը. _____

Գումարման օրինակներ

Կատարելագործում. _____

1.	9 + 1 =	
2.	19 + 1 =	
3.	39 + 1 =	
4.	6 + 4 =	
5.	16 + 4 =	
6.	36 + 4 =	
7.	9 + 2 =	
8.	19 + 2 =	
9.	29 + 2 =	
10.	7 + 4 =	
11.	17 + 4 =	
12.	27 + 4 =	
13.	19 + 3 =	
14.	29 + 3 =	
15.	17 + 5 =	
16.	27 + 5 =	
17.	19 + 4 =	
18.	29 + 4 =	
19.	17 + 6 =	
20.	27 + 6 =	
21.	18 + 3 =	
22.	26 + 5 =	

23.	19 + 5 =	
24.	29 + 5 =	
25.	17 + 7 =	
26.	27 + 7 =	
27.	19 + 6 =	
28.	19 + 7 =	
29.	29 + 6 =	
30.	29 + 7 =	
31.	17 + 8 =	
32.	17 + 9 =	
33.	27 + 8 =	
34.	27 + 9 =	
35.	12 + 9 =	
36.	14 + 8 =	
37.	16 + 7 =	
38.	28 + 6 =	
39.	26 + 8 =	
40.	24 + 8 =	
41.	13 + 8 =	
42.	24 + 9 =	
43.	29 + 8 =	
44.	18 + 9 =	

Դաս 10. Շրջանակները և ուղղանկյունները բաժանեք հավասար մասերի և այդ մասերը նկարագրեք որպես կեսեր, մեկ երրորդներ և մեկ քառորդներ:

A

ՄԻԱՎՈՐՆԵՐԻ ՊԱՏՄՈՒԹՅՈՒՆ   Դաս 14 Սպրինտ   2•8

Ճիշտ թիվը. _____

Գումարում և հանում 5-ով

1.	0 + 5 =		23.	10 + 5 =	
2.	5 + 5 =		24.	15 + 5 =	
3.	10 + 5 =		25.	20 + 5 =	
4.	15 + 5 =		26.	25 + 5 =	
5.	20 + 5 =		27.	30 + 5 =	
6.	25 + 5 =		28.	35 + 5 =	
7.	30 + 5 =		29.	40 + 5 =	
8.	35 + 5 =		30.	45 + 5 =	
9.	40 + 5 =		31.	0 + 50 =	
10.	45 + 5 =		32.	50 + 50 =	
11.	50 − 5 =		33.	50 + 5 =	
12.	45 − 5 =		34.	55 + 5 =	
13.	40 − 5 =		35.	60 − 5 =	
14.	35 − 5 =		36.	55 − 5 =	
15.	30 − 5 =		37.	60 + 5 =	
16.	25 − 5 =		38.	65 + 5 =	
17.	20 − 5 =		39.	70 − 5 =	
18.	15 − 5 =		40.	65 − 5 =	
19.	10 − 5 =		41.	100 + 50 =	
20.	5 − 5 =		42.	150 + 50 =	
21.	5 + 0 =		43.	200 − 50 =	
22.	5 + 5 =		44.	150 − 50 =	

Դաս 14.   Ասեք, թե ժամը քանիսն է մոտակա 5 րոպեների միջակայքում։

ՄԻԱՎՈՐՆԵՐԻ ՊԱՏՄՈՒԹՅՈՒՆ — Դաս 14 Սպրինտ

B

Ճիշտ թիվը. _____

Գումարում և հանում 5-ով

Կատարելագործում. _____

1.	5 + 0 =	
2.	5 + 5 =	
3.	5 + 10 =	
4.	5 + 15 =	
5.	5 + 20 =	
6.	5 + 25 =	
7.	5 + 30 =	
8.	5 + 35 =	
9.	5 + 40 =	
10.	5 + 45 =	
11.	50 – 5 =	
12.	45 – 5 =	
13.	40 – 5 =	
14.	35 – 5 =	
15.	30 – 5 =	
16.	25 – 5 =	
17.	20 – 5 =	
18.	15 – 5 =	
19.	10 – 5 =	
20.	5 – 5 =	
21.	0 + 5 =	
22.	5 + 5 =	

23.	10 + 5 =	
24.	15 + 5 =	
25.	20 + 5 =	
26.	25 + 5 =	
27.	30 + 5 =	
28.	35 + 5 =	
29.	40 + 5 =	
30.	45 + 5 =	
31.	50 + 0 =	
32.	50 + 50 =	
33.	5 + 50 =	
34.	5 + 55 =	
35.	60 – 5 =	
36.	55 – 5 =	
37.	5 + 60 =	
38.	5 + 65 =	
39.	70 – 5 =	
40.	65 – 5 =	
41.	50 + 100 =	
42.	50 + 150 =	
43.	200 – 50 =	
44.	150 – 50 =	

Դաս 14. Ասեք, թե ժամը քանիսն է մոտակա 5 րոպեների միջակայքում:

Հավաստագիր

Great Minds®-ը գործադրել բոլոր ջանքերը՝ հեղինակային իրավունքով պաշտպանված բոլոր նյութերի վերատպման թույլտվությունը ստանալու համար: Եթե հեղինակային իրավունքով պաշտպանված սույն նյութում որևէ սեփականատեր նշված չի, խնդրում ենք ճանաչման համար կապ հաստատել «Great Minds»-ի հետ՝ այս մոդուլի հետագա բոլոր հրատարակված և վերատպված տարբերակներում:

9 781649 291738

Printed by Libri Plureos GmbH in Hamburg, Germany